U0041763

台灣特有鳥類手繪圖鑑

貓頭鷹

目次

推薦序

　　台灣的地理位置優越，匯聚了各方的鳥類，有來自歐亞大陸，也有來自東南亞地區，許多種類在此落地生根。冰河撤退之後，在歷經了一萬多年和大陸陸塊的隔離，台灣走出自己獨特的演化路徑，因而擁有許多特有種與特有亞種鳥類，是一個生態豐富且多樣的鳥類天堂。許多國外人士到台灣來賞鳥，也都指定要來看特有種及特有亞種，所以有一本針對這些鳥種的圖鑑是非常實用的。

　　其實坊間已經有很多鳥類的手繪圖鑑了，為什麼我要特別推薦這一本呢？因為它集結了所有在台灣「僅此一家、別無分號」的鳥種，藉由繪者蔡錦文細膩的筆觸，把鳥的羽色特徵、身形與行為等，精緻呈現。再加上流暢的科普文字說明，是一本讓人愛不釋手，不僅是圖鑑，更是欣賞珍藏藝術的一本書。這本書，要請你打開之後，細細品味，因為值得！再來我要談談這位繪者錦文了：

　　錦文是我在台大森林系任教比較早期的碩士班學生，他的大學本科不是和生物相關，所以剛開始收他的時候會有一些猶豫，但是見到了面，看他一臉的熱誠與懇切，就又不忍心拒絕了。他不是怯懦害羞的人，但是言談之中你看得出他的羞赧，好像有很多故事要告訴你，只是說不出話，也許是在思考，也許是要給你一個驚喜。他和研究室其他同學都是淡淡的交往，除非碰到他感興趣的話題，就像按開了開關，他就可以滔滔不絕。

　　錦文的字寫得非常漂亮，這是我還不知道他會畫畫之前就注意到的，覺得一個男孩子怎麼寫出這麼漂亮的字，不是工整，是字的排列在紙上，就像是一幅配置好的圖，溫潤而協調。之後才知道他很喜歡畫畫，也一直在學習畫畫，後來我介紹他去畫鳥圖鑑，或交付他一些小工作，他的筆鋒細膩，線條優美流暢，每份畫作的完稿令人滿意，只是都有淡淡的菸味。被我提醒一下，「不要抽這麼多的菸」，他才不好意思和我笑笑說，每天不停地畫畫，要抽菸紓壓，也才有靈感。

　　有一次我問錦文住在哪裡，他說租屋在林肯大郡，我嚇了一跳，我說那個不是土石流崩塌的社區嗎？他說是的，但是房租比較便宜，也沒有太多人住在那裡，所以反而比較安靜適合作畫。當時覺得錦文真是一個奇怪而有趣的人，但是想想也是有道理，做事情反其道而行，也是一番不同的風景。所以錦文對於我，是一個可愛另類思考的學生，我不是很了解他，但是感覺知道他單純的心與堅定的個性。

錦文後來成為調香師，就是萃取花朵精油香氣，製成香水有關的產品，這是另外一個新的時期，我是過了很久之後才知道的。他在這個領域有他獨特的名氣，也寫了書，建立了自己的品牌，讓更多喜歡在嗅覺世界裡享受的人，可以和他分享大自然的香氣。

　　今天他要我為他的《台灣特有鳥類手繪圖鑑》寫序。當我看到一幅幅的手繪圖，心中非常地感動，因為我彷彿又看到牙齒大大，笑起來憨憨的錦文，拿著畫筆，認真而專注的把這些鳥的羽毛一根根勾勒出來，每隻鳥明亮的眼睛，都代表了對世界的好奇與期待。

　　這就是錦文，我早期的一個學生，雖然不常見面，但是常常在我心裡。這一本書是他再次和我交會打招呼，所以我把它介紹給大家，希望你也和我一樣喜歡、享受！

國立台灣大學國際長
國立台灣大學森林環境暨資源學系教授

作者序

　　寫、繪這本書最大的動力，我想還是來自於對鳥類的喜愛，那種莫名的情感讓我願意花很長的時間來慢慢描繪。

　　感謝袁孝維老師的推薦序和丁宗蘇老師的專文，我人生的第一本鳥書《貓頭鷹圖鑑》也是二位老師的推薦，再到這本專注於本土鳥類的作品，著實讓我能量滿滿！謝謝林大利簡短、鏗鏘又「大力」的專文，顯見鳥類分類有多麼重要，而且路還很長。最後謝謝李季鴻、胡嘉穎、張曉君辛苦的編輯工作。

　　記得袁孝維老師跟我們形容，她在墾丁做小雲雀的研究時，看見草地一窩雛鳥以為親鳥回來了，頓時黃口大開，如同鮮花綻放……。老師當時的感動，至今也一直感動著我。

　　僅以此書獻給台灣的鳥類。

談鳥類手繪圖鑑

　　喜歡生物的人，在人生中常有那麼一段時間，把生物圖鑑放在床邊，在一天最放鬆的時間看著喜歡的生物，並把它們一起帶入夢鄉，在夢裡活過來。

　　生物的多樣性，可以呈現在不同面向，繽紛多樣的物種，自古以來便是人類為之著迷的對象。著重於物種辨識的生物圖鑑，長久以來在生物學內有很重要的角色。生物圖鑑是科學與藝術的綜合體，它是科學工具、科普書、也是藝術品。生物圖鑑必須力求正確，以符合科學的實事求是精神。但是，生物圖鑑不一定需要呈現所有的細節或變化，反而是化繁為簡，將複雜的資訊簡約為作者及繪圖者所想要呈現的重點。將生物寫實地繪製為一幀幀凸顯科學重點的圖畫，不僅需要繪圖天分、藝術素養，更需要科學素養、敏銳觀察、與對該群生物的透澈了解。

　　鳥類是一群多樣的生物，物種繁多，世界各地均有分布，每個人都可以觀察到，而且羽色艷麗、鳴聲多變，是人類長久熟悉且喜愛的生物。因此，世界各民族有不同形式的鳥類繪圖；例如中國的花鳥畫，雖然很多都無法辨認其物種，卻深受王公貴族及文人雅士喜愛。在生物科學的物種辨識上，早期鳥類學家主要仰賴文字敘述與標本比對，將不同鳥種以繪圖方式一起呈現，在幾百年前是一個難以想像的浩大工程。17世紀及18世紀，這樣的鳥類圖鑑非常少，而且繪圖者常常沒有在野外看過那些鳥種，許多都是仿摹標本或籠鳥而來，以至於所產生的鳥類繪圖，常常有顏色失真、羽毛闕漏、姿勢怪異等問題。

　　有一個人改變了這情況，他就是奧杜邦 (John James Audubon, 1785 – 1851)。奧杜邦不僅是個有天賦的畫家，而且是個熟悉大自然的鳥類愛好者及博物學家，從小就喜歡觀察大自然的生物，尤其是鳥類。他的人生相當曲折，因為對生物及繪畫的執著與耽溺，他經商失敗被宣告破產，妻子也離他而去。但奧杜邦晚年所出版的《北美鳥類圖鑑》(The Birds of America)，集結他多年所繪的435張插圖 (每張尺寸為100×66公分)，涵蓋美國489種鳥類，是他一生最驕傲的巨作。這本鳥類圖鑑，不僅因為奧杜邦優美傳神的畫風，而成為藝術收藏品，更因為其符合鳥類野外生態習性的描繪，獲得科學界的肯定，並且喚起很多人對大自然的喜愛與親近。同時，奧杜邦保護大自然、尊重生命的理念，對當時美國社會產生了不小的影響。例如，奧杜邦死後為紀念他而成立的奧杜邦學會 (The National Audubon Society)，是北美最具影響力的保育團體之一，長年致力於野生動物保育和環境保護。

　　在各種生物類群中，鳥類擁有最多的業餘愛好者與觀察者。奧杜邦的圖鑑，雖然在19世

紀吸引很多人喜愛鳥類，但是那冊書（即使是縮小版）實在太大了，難以帶到野外使用。彼得森（Roger Tory Peterson, 1908 – 1996）的鳥類圖鑑（*Guide to the Birds*）填補了這問題，也提供了近代各種生物野外圖鑑的原型。彼得森將相似的物種繪於同一圖版以方便比對，列出雌雄、成幼、季節等等差異，同時在鳥圖周邊以箭頭點出辨識重點，對頁則是該物種的名稱、外形描述、分布、生態習性等等文字或地圖資訊。彼得森的鳥類圖鑑輕薄短小，適合攜帶，因此出版後大獲成功，後續他也針對不同的生物類群，出版一系列的《彼得森野外圖鑑》（*Peterson Field Guides*），可說是近代各種生物「野外圖鑑」的開山始祖。而這些野外圖鑑的出現，又讓更多的人變成生物愛好者，進一步關心大自然、保護野生生物。例如，超過四千萬的美國人，是所謂的後院賞鳥者（backyard birders），會關心並分辨住家周邊出現的鳥類，其中很多人會在家中後院設置餵食器以提供野鳥食物。

隨著鳥類圖鑑、望遠鏡、相機的普及，世界上的賞鳥人口快速增加，目前估計已超過一億人。對這些人來說，鳥類圖鑑是必要的工具，也使得各式各樣的鳥類野外圖鑑大量出現，相片式的圖鑑也愈來愈多。相對相片式的圖鑑，繪圖式的圖鑑在物種辨識上，仍有不可取代的優點，因此，現代的鳥類野外圖鑑仍以繪圖式的圖鑑為主。在賞鳥人口眾多的歐洲，《柯林斯鳥類圖鑑》（*Collins Bird Guide*）毫無疑問地是最成功的經典。這本圖鑑的三位作者及繪圖者，具有多年的鳥類觀察經驗和研究經驗，對歐洲鳥類有深入的了解，也具備專業的生物繪圖素養，不僅繪圖及文字精確地鑑別不同鳥類間的細微差異，每一幀鳥類繪圖也都是藝術品。在美國眾多的鳥類圖鑑，我最喜歡大衛‧希伯利（David Allen Sibley）的鳥類圖鑑（*The Sibley Guide to Birds*）。這本圖鑑的作者與繪圖者都是同一人，大衛‧希伯利。他父親是耶魯大學鳥類學家，從小對鳥類就耳濡目染，童年起就持續地看鳥、畫鳥。有些圖鑑內的繪圖，是由不同繪者共同完成，因此在畫風及細節上有不可避免的差異。因此，圖鑑若是能由同一位繪者繪圖，是比較理想的狀況。希伯利不只完全由他自己繪圖，而且還是作者，圖文並進地注入他多年來的鳥類觀察心得。他的畫風並不精美，有點簡單，所以有些人並不是很肯定他的圖鑑。但是，生物繪圖最關鍵的是要簡化地傳達出重點，不然用相片就好了。鳥類辨識，有時候需要一些難以言喻的「氣質感」，體現在不同的鳥類身形、姿勢、甚至眼神。希伯利的圖鑑精準傳神地凸顯出這些「氣質」，這樣的好處與優點，只有野外用過才會體會。

台灣觀鳥、拍鳥的人很多，可說是東亞目前賞鳥活動最有活力的地區之一。在1980年代之前，坊間並沒有針對台灣所有鳥類的完整圖鑑，我讀大學時主要是用英文的《日本野鳥圖鑑》（*A Field Guide to the Birds of Japan*）與玉山國家公園所出版的《忽影悠鳴隱山林》。而且，台灣在上世紀也缺乏兼具鳥類觀察經驗與科學繪圖素養的本土人士，因此之前最廣被使用的《台灣野鳥圖鑑》，其繪者是日本的谷口高司先生。直到這世紀，隨著愛鳥人士快速增

加，也出現了多位優秀的鳥類繪圖者，這本書的繪圖者，蔡錦文先生，也是其中之一。伴隨著這些優秀的繪圖者、作者及出版社的努力，讓台灣的鳥類圖鑑品質，現在不僅是亞洲最好，也是世界一流。這些鳥類圖鑑，不僅是工具書、科普書，也是藝術品。希望這些鳥類圖鑑能引領更多人，喜歡大自然，珍愛大自然。

國立台灣大學森林環境暨資源學系

教授兼系主任

醒醒吧！學著面對動盪的鳥類分類

　　我知道有些鳥友對分類學興趣缺缺，但是，不斷變動的鳥類分類又總是讓大家心煩意亂。我要在這裡要奉勸大家：面對吧！在這個時代，如果不願意好好面對鳥類分類，不可能成為一個優秀的鳥類觀察者。到世界各地賞鳥，也只會痛苦萬分。鳥導講的、鳥書寫的，都和自己的認知不一樣。臉書社團「鳥類聊天小站」又時不時貼出新增特有種的研究，到底是怎麼一回事啊！？

　　分類，就是分門別類，我們都有把任何東西分門別類的經驗，例如文具、書籍、衣服等等。物以類聚：「相似的放在一起」是基本的分類原則，生物分類也是如此。

　　無論如何，總是要有個「分類依據」，自己才知道要怎麼分類，別人也才知道你在分什麼。一百多年前，傳統的生物分類學，幾乎是以生物的外觀形態，作為唯一的分類資訊來源。畢竟也沒別的資訊啦，就把長得像的放一起，當作同一種生物，稱為「形態種概念（morphological species concept）」。可別小看形態分類，在那個時代，人類還不知道遺傳學和演化學、達爾文還在航海、孟德爾連豌豆都還沒開始種，也只能透過形態分類生物了。不過，就算是形態，分類學家也是看得很仔細很認真，就連五臟六腑也不放過（不過，斯文豪檢視完標本之後，有時候就直接煮來吃了，到底是有多餓？）。

　　分類學家細心認真當然很好，但是好景不常，形態分類終究還是遇到瓶頸。問題來了，當一大批生物標本攤在你面前，你要怎麼分類？大的？小的？黑的？白的？長的？短的？有斑點的？有眼睛的？頭上長角的？怎麼辦？結果，由於分類依據的選擇偏好和選擇順序，會導致截然不同的分類結果。誰的比較好？誰是對的？誰是錯的？分類學家各說各話。

　　這樣的分類方式，製造分類學家之間的衝突、派系與紛爭。

　　問題不僅如此，生物永遠超乎你的想像，一群親緣關係天差地遠的生物生活在環境相似的地方，外觀會長得很像，這的現象叫做「趨同演化（convergent evolution）」。舉例來說，鯊魚是魚類、魚龍是爬行類、海豚是哺乳類，牠們都有相似的外觀，但是關係相距甚遠。如果用傳統的形態分類，很容易把牠們放在一起，那可就大錯特錯了。此外，另一種狀況是，某個祖先種到拓殖到新環境，後代各自佔據不同的棲位：森林、草原、樹上、地下或水中。漸漸地，彼此的外觀差異越來越大，這個稱為輻射適應（adaptive radiation）。但是牠們都是共同組後代，如果用傳統的形態分類，很容易把牠們分得很遠，那也是個大麻煩。

而且，開玩笑，科學可是講究客觀的活動，主觀因素參雜過多的分類學一整個就不科學啊！

幸好，近幾十年來，拜分子技術之賜，人們已經可以透過DNA序列探討生物的親緣關係，當作分類的基礎依據，稱為「親緣種概念 (phylogenetic species concept)」。最大的優點是，無論是誰來做實驗，分類的結果不會相差太多，免於各說各話的狀況，這才像一回事。因此，這幾年，已經累積了世界各地許多生物的DNA樣本和序列，於是分類學家們就捲起袖子來重新看看這些生物的親緣關係。

這下子可不得了，有許多生物分類一整個大翻盤，長相天差地遠的生物是同一種；在野外幾乎無法分辨竟然是不同種；還有一夜之間一種鳥分成十幾種鳥的案例。例如，以前我們認為隼類和鷹類長得很像，於是把他們都放在鷹形目，但是DNA涮一涮之後發現不對，這些隼跟鸚鵡的關係比較接近，於是就把牠們移到鸚鵡目的隔壁去。

不僅如此，現在資訊交流技術發達，DNA序列也不是唯一的分類依據了，形態、聲音、地理分布、行為等等，都也要一起考慮，這些資訊都蒐集齊全了，經過審慎的比較之後，再來決定分類結果，最後寫篇研究論文來說服審查員並昭告天下你的研究結果。

也就是說，目前我們正處於生物分類主要依據轉變的過渡時代，而且有些生物正處理到一半。因此，會有「以形態為依據」和「以DNA序列為依據」的結果並存的狀況，改來改去的狀況也非常常見。過渡時期就是這個樣子，生物觀察者要堅強，要面對現實。

目前來看，常見的分類變遷處理大概有三種：「分裂 (split)」分成不同物種；「合併 (lump)」合併成一種；「改置 (re-assign)」換個分類位置。以鳥類來說，目前最常見的是分裂，接著是改置和合併。

那麼，接下來會怎麼樣呢？分類變遷，過去、現在、未來，都還會持續發生，鳥種只會越來越多，彼此只會長得越來越像，但DNA序列告訴你：牠們都屬於不同的物種。這樣的趨勢，鳥種會變多、特有種會變多、保育地位會提昇、受威脅狀況會提高。野外調查難度也會提高，已經有不少物種光憑外觀根本無法辨識種類，例如極北柳鶯（*Phylloscopus borealis*）、日本柳鶯（*Phylloscopus xanthodryas*）和堪察加柳鶯（*Phylloscopus examinandus*）。

蔡錦文學長的《台灣特有鳥類手繪圖鑑》，想要告訴大家台灣的特有種與特有亞種鳥類，是打哪裡來的？以及國外其他和牠們外觀相似、親緣關係相近的小鳥，又分布在哪裡、長得

有什麼不一樣？你會發現，有些鳥種與台灣的極其相似，而有些卻又天差地遠。其背後生態與演化機制的探討，又是個說不完的長篇故事。

　　探討鳥類分類變遷沒有很難，只要掌握分類原則，花時間和心力，每個人都可以做得很好。如果你對小鳥有感情，想要追根究底，想要變威變大，超脫賞鳥鄉民，這是個適合努力的方向。只是追查分類變遷 ，需要大量閱讀參考資料、鳥類照片、鳥類標本，一整個樸實無華，且枯燥。至少，這本書可以讓你從台灣的鳥類出發，看看牠們的近親，讓你對鳥類分類和分布有一點感覺，之後再去學進階知識就能比較容易上手。

　　當然，如果你只要看到小鳥就快樂，看到黑冠麻鷺耍笨就開心，無心計算生涯鳥種數，那也無妨。賞鳥本來就是休閒活動，鳥一直都在那邊，祝你賞鳥愉快。

林 大利

特有生物研究保育中心助理研究員
澳洲昆士蘭大學生物科學系博士生

如何使用本書

本書為《台灣特有鳥類手繪圖鑑》，以科學繪圖方式呈現物種細節，收錄台灣特有種與特有亞種鳥類，共36科85種。總論部分說明台灣特有鳥類在演化上的形成、演變與保育，個論以完整跨頁呈現鳥種全部特徵，比較雌雄鳥、成鳥與亞成鳥，以及特有鳥類與鄰近相似種類的差異。以下介紹本書內頁呈現方式：

① 本種的中文名稱與其他中文俗名
② 本種在分類學上的科名
③ 本種的拉丁學名
④ 本種的英文名稱
⑤ 本種的同種異名，意為有效名之外的其他名稱。
⑥ 本種的分類地位，以及近似種類介紹。
⑦ 本種的分布圖。

⑧ 本種的外形特徵。
⑨ 本種的生態習性。
⑩ 目前的保育狀況，包括《台灣鳥類紅皮書》中的受脅類別（分為：極危 **CR**、瀕危 **EN**、易危 **VU**、接近受脅 **NT**、無危 **LC**），以及國內野生動物保育法公告的保育類等級。

一、前言

鳥吾鳥以及地之鳥

　　600萬年前上新世初期，在菲律賓海板塊與歐亞板塊相觸擠壓運動下，隆起的地殼便是嬰兒期的台灣島！直到上新世末期，二大板塊持續不斷擠壓，隆起的造山運動間歇產生斷層現象，於是台灣島逐漸成型，與大陸陸塊中間凹陷的陸地終為海水淹沒，形成今日的台灣海峽。島體中央山脈以西為歐亞板塊，花東地區的海岸山脈則屬於菲律賓海板塊，這兩座山脈之間的花東縱谷就是兩大板塊的交界處。至今，承載著呂宋島弧的菲律賓海板塊仍以平均每年7公分的速度向西北移動，與歐亞板塊相互擠壓的造山運動仍頻，因而中央山脈每年以0.5～1公分長高。台灣正好立於環太平洋海底板塊活動最頻繁的邊緣，天生就得接受地震、颱風的考驗，大自然以如此豐沛的動能，造就了島嶼欣欣向榮的生命力。

　　約100萬年前第四紀更新世，地球曾發生數次冰河期，台灣海峽的海水亦隨冰河期來往而漲退。當冰河期時，海平面下降，連接台灣與大陸間的海底陸地因而浮現（陸橋），讓原本分布於大陸的動植物得以藉由陸橋遷播[1]至台灣，以躲避酷寒氣候。18,000年前最近一次冰河期結束，台灣海峽海平面再次升高，陸橋再度沒入海裡，棲息於島上的物種再度被隔離起來，原本可以藉由陸橋進行基因交流的機會從此被阻斷。經過漫長的適應演化，台灣有不少物種的族群基因已經與種源基因產生歧異，因而逐漸形成獨特樣貌的台灣特有物種。

　　台灣位處亞洲東部、太平洋西側的亞熱帶地區，全長約400公里，面積36,000平方公里，就地質而言，仍是一個持續快速生長的年輕島嶼，最高海拔玉山主峰將近4,000公尺，使得台灣成為世界第四高的島嶼，因為受季風與海拔高度影響，全島具熱帶、亞熱帶、暖溫帶、溫帶、冷溫帶及亞寒帶之氣候植被特徵，森林覆蓋率達58.5%，林相組成相對複雜。雖然島嶼面積不大，但以地理位置及島內所孕育的豐富森林資源來看，不難想像，這是台灣得天獨厚而擁有如此精彩生物多樣性之緣由。生態環境是否健全，可以生物多樣性來評估，相較於其他生物類群，鳥類因獨具以下幾項特色而時常成為生物多樣性的主要監測目標：

1. 鳥類的研究、觀察是脊椎動物中比較透澈的類群，全世界鳥類被發現並命名者達10,000種左右，幾乎各種環境皆可發現鳥類蹤跡，是我們較熟悉的生物。

1　遷播（dispersal）指動植物自動或被動自一地散播分布至另一地。

2. 鳥類研究累積的資料庫相對全面，包括生活史、生態行為、地理空間分布、影像及分子生物等遺傳資料，較其他生物類群多。

3. 容易與社會大眾結合，藉由多數公民科學廣泛參與的大型基礎調查活動，例如台灣鳥類紀錄資料庫 (eBird Taiwan)[2]、台灣新年數鳥嘉年華 (NYBC Taiwan)[3]、台灣繁殖鳥類大調查 (BBS Taiwan)[4]等，調查監測所累積的資料可以直接顯現趨勢、逐年比較保育成果。

4. 鳥類對於環境變化非常敏感，舉凡空氣水質污染、植群結構變化、氣候異常、農藥毒物累積等等，都能快速反應環境狀態。

5. 許多特有鳥種因侷限分布而更容易遭受生存脅迫，是評估生物多樣性的重要參考指標，甚至可以是環境保護單一而強力的訴求因素。

僅此一家別無分號

台灣是東亞候鳥南北遷徙[5]的重要路徑之一，除了留鳥，也有不少候鳥、過境鳥、迷鳥等，皆以台灣為短暫歇腳的能源補充站，因此造就了豐富的鳥類資源。其中，有一群比人類先民更早定居於此的鳥類，經過久遠的地理隔離，隨著環境適應演化而不見於其他地理區域，不但在羽毛、形態、鳴唱、行為、遺傳特徵上已與親緣祖系分道揚鑣，甚且走出風格獨特的樣貌，這群常年生活在台灣本島的鳥類，就是台灣特有鳥類。

根據中華鳥會「2020台灣鳥類名錄」及鳥會最新資訊，本島共有87科674種鳥類。其中特有鳥類，包括15科30種特有種 (endemic species) 及28科54種特有亞種 (endemic subspecies，含二種蘭嶼特有亞種)，總共35科84種特有鳥類[6]，尤以噪鶥科

---

2 台灣鳥類紀錄資料庫 (eBird Taiwan)：eBird由美國奧杜邦協會 (National Audubon Society) 與康乃爾鳥類學研究室 (Cornell Lab of Ornithology) 於2002年共同創建，是目前全世界最大的賞鳥紀錄資料庫及共享平台。eBird Taiwan在2015年開始運作，由特有生物研究保育中心、中華鳥會及康乃爾鳥類學研究室共同合作。

3 台灣新年數鳥嘉年華 (NYBC Taiwan)：概念延伸自北美的聖誕節鳥類調查，由中華鳥會、台北鳥會、高雄鳥會與特有生物研究保育中心共同推動的公民科學計畫，自2014年起，每年年末至隔年年初

4 台灣繁殖鳥類大調查 (BBS Taiwan)：由特有生物保育研究中心、中華鳥會與台灣大學共同推動舉辦並結合全民參與的長期鳥類監測計畫。自2009年開始，於每年的3月直到6月底，以台灣本島的繁殖鳥類 (留鳥、夏候鳥) 為主要對象進行調查，期望瞭解台灣各地繁殖鳥類現況並建立族群趨勢指標。

5 遷徙 (migration) 通常指動物因季節、食物資源、繁殖等因素自一地播散分布至另一地。

6 若參考2010年出版的台灣鳥類誌，將多出一個特有亞種棕背伯勞，本書特有鳥類種科目分析並無列入，但文本中仍有該種之介紹。

（Leiothrichidae）和鶲科（Muscicapidae）鳥類占多數種類，可說是台灣特有鳥類一大特色。台灣的留鳥有將近一半是特有鳥類（留鳥約155種），單以特有種而言，也有18%，台灣鳥類的特有性（endemism）不低。另外50%的留鳥為什麼不是台灣特有鳥類呢？是否環境與物種間的時空因素，在物種演化上仍不足以驅使其族群基因發生變化而成為新種？或者其實正在變化，只是這樣的變化，細微到必須投入更深更廣，也許更為長久的研究才能發現？物種演化往往非幾個世代便能清楚呈現，對脊椎動物來說更是如此，如果運氣好，「種」的生命則持續朝演化方向前進，反之則可能走入歷史。

▲ 台灣的候鳥、過境鳥、迷鳥

近年國內外學者以分子生物技術進行分類研究，結果發現過去認為是「特有亞種」的鳥類，實際上都可以視為特有種，也就是說這群鳥類先住民，相較於世界其他地區的鳥類更具有台灣特色。傳統鳥類分類基於化石、外形構造、行為生態或胚胎細胞等資訊來呈現鳥類間演化親緣關係，然隨著現代分子生物技術的應用，確實幫助我們更清楚解讀分類研究的結果，有時甚至顛覆了我們對鳥類的固有認知，像是分布於舊大陸與新大陸的禿鷲（Vulture），

▲ 綠畫眉

雖然外形相似，但二者親緣關係卻很遠，反而鸛鳥（Stork）與新大陸禿鷲的親緣關係較為相近；原本是畫眉科（Timaliidae）的冠羽畫眉（*Yuhina brunneiceps*）及褐頭花翼（*Fulvetta formosana*），現在則分別歸入繡眼科（Zosteropidae）及鶯科（Sylviidae）；還有，分類上一度被視為與冠羽畫眉相近的綠畫眉[7]，其實和畫眉關係不大，而是和鴉科鳥類有較近的親緣關係（Cibois et al. 2002），如此情況在其它鳥種上屢見不鮮，鳥種分類在不同分析方法下，有時候差異頗大，這也是近代分類學在系統發生（molecular phylogenetics）、遺傳演化等研究方法加入後的特殊現象。我們除了對台灣特有鳥類有更清楚而新鮮的認識之外，這群掛著台灣名號的鳥類，究竟從何而來，以及還有哪些地理分布上的近緣種（closely-related species）或鄰近亞種，皆是本書欲介紹的重點。綜觀天時地利物候等條件，台灣的鳥類相（avifauna）確實符合島嶼鳥類相（island avifauna）[8]的特徵，是研究測試各種島嶼生物地理（island biogeography）[9]假說非常有趣的地方；顧名思義，此學說正是探討島嶼生物分布模式的一門學問，它涵蓋了物種演化、遷徙等概念，而特有鳥類是地理區域中，物種分布與當地環境適應演化後最顯著的例子，更是物種種化（特化）[10]最佳研究觀察對象，我們何其有幸能目睹此精采絕倫的演化之舞正在台灣上演。

7　綠畫眉（*Erpornis zantholeuca*）又稱白腹鳳鶥，屬鶯雀科（Vireonidae）綠鳳鶥屬，本科鳥類是美洲大陸特有。

8　島嶼鳥類相（island avifauna）是指島嶼內所有的野生鳥類組成，包括留鳥、候鳥、過境鳥、迷鳥甚至外來種逸鳥等，其特徵主要有：1. 不具飛行能力的鳥種較多、2. 候鳥及過境鳥比例遠大於留鳥、3. 特有性鳥種比例高、4. 鳥類群聚結構較不穩定。本書中所提的島嶼鳥類相不包括海洋型礁岩島嶼，該類島嶼通常只有海鳥棲息。

9　島嶼生物地理學（island biogeography），其理論由1967年美國生態學者R. McArthur和E. Wilson在《The Theory of Island Biogeography》一書中所提出，利用量化理論來描述島嶼生物地理分布特性的現象。此理論近年來受到了廣大的重視與討論，以鳥類來說，雖然全世界的島嶼上鳥類種數（含亞種數）僅占全世界的20%，但自西元1600年以來，已滅絕的171個鳥種（或亞種）中，約90%是僅分布於島嶼的種類，而且多數是當地的特有鳥種。島嶼鳥類滅絕的速率遠超過大陸地區的50倍。

10　種化（speciation）指的是一物種轉變成一全新物種的過程，其結果若是產生於特定區域，即為該區域之特有物種，是生物演化過程中相當重要的一個環節。以達爾文的物競天擇來看，種化是物種生命與環境變化的適應結果。然而種化何時會被啟動？仍不時被提出討論，因為種化過程非常漫長且細微，非能立即被觀得到的現象。種化發生機制可從族群遺傳（population genetics）、古生物學（palaeontology）等方面來探討。

二、台灣特色鳥類

八方薈萃各展風采

　　1876年，英國博物學者華萊士（Alfred Wallace, 1823-1931）將世界動物地理分布劃分為六大區，並在其著作《島嶼生命》（*Island Life*）中，首次將台灣歸入世界動物地理區[11]的東洋區（Oriental region）[12]。環顧整個東亞島嶼鳥類的地理分布，大致落入世界動物地理區中的古北區、東洋區及澳洲區。東洋區與古北區以長江為界，與澳洲區之間則有著名的華萊士線（Wallace Line）在東南亞各島嶼間劃過，這條由英國生物學家赫胥黎（Thomas Henry Huxley, 1825-1895）命名的生物地理界線，後來經萊德克（Richard Lydekker, 1849-1915）以哺乳動物為研究對象，修正為東洋區與澳洲區的界線應該在新幾內亞與澳洲的西

▲ 華萊士的世界動物地理區

11　世界動物地理區概念最早從華萊士（Wallace）在東南亞地區進行採集時，即已發現生物相的相似度可依地理分布的界線來區分。世界動物地理區的相關研究近期已有利用大資料數據庫進行更新修正（Holt et al., 2013），這些資訊都顯示生物的演化過程（適應、演化與種化）都與地質事件（海底板塊彼此之間分離、結合）息息相關，也間接造成親緣關係相近的動物大多限於該物種分布的動物地理區內。

12　東洋區特有的鳥類科目雖然僅和平鳥科（Irenidae），但該區卻是許多鳥類的分布中心，例如八色鶇科（Pittidae）、闊嘴鳥科（Eurylaimidae）、畫眉科（Timaliidae）、雉科（Phasianidae）、鵯科（Pycnonotidae）、犀鳥科（Bucerotidae）等鳥類，都是東洋區的特色鳥類。許多體型小巧的鳥類，例如啄花鳥、吸蜜鳥、繡眼科，基本上分布限於東洋區，僅少數可見於舊熱帶區（Ethiopian，或稱衣索匹亞區）及澳洲區（Australian）。此外，東洋區許多地方是古北區候鳥度冬重要棲地，鳥類相相當豐富。

邊（稱萊德克線，Lydekker' s Line）。有趣的是，在華萊士線與萊德克線之間的區域（又稱為華萊士區），是一個過渡帶，涵蓋了婆羅洲、蘇拉威西、摩鹿加群島以及小巽他群島等大小島嶼，此過渡帶內的動物，不但有澳洲區的動物（如有袋類、鳳頭鸚鵡等），也有東洋區的動物（如有蹄類、胎盤類、犀鳥等），此現象在探討動物地理分布上有重要意義，因為學者發現，如果海平面下降逾百公尺，那麼華萊士線的走向會與海面下的巽他陸棚（Sunda shelf，屬東洋區）東緣陸地海岸線一致，而萊德克線正好與莎胡陸棚（Sahul shelf，屬澳洲區）西緣陸地海岸線一致，因而推測在冰河時期，婆羅洲及峇里島等島嶼曾與亞洲大陸相連，而新幾內亞和鄰近島嶼則與澳洲大陸相連。

　　但為何華萊士線劃過之處，例如華萊士區內的婆羅洲與蘇拉威西、峇里島與龍目島等島嶼之間的距離雖近，兩側島嶼的動物相（fauna）卻又明顯不同？根據推測，這些地方由於海溝較深，即使在冰河期仍然有海洋的阻隔，使得多數以陸行方式遷徙且不具飛行能力的陸地動物，難以跨過海洋而交流！因而有相異的動物相分布。

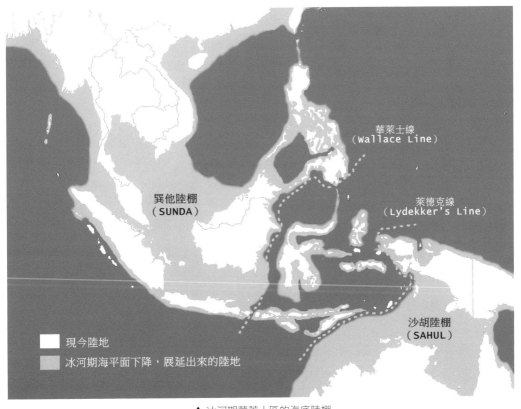

▲ 冰河期華萊士區的海底陸棚

台灣正好位於動物地理分布的東洋區與古北區交會處，所以在台灣可見到含括這二個區界的動物類屬，也就是說多數台灣動物的祖先皆來自這二大動物地理區。如果將蘭嶼、綠島、龜山島等東部外海島嶼考慮進來，可以發現台灣留鳥的組成還有菲律賓色彩。許多自古北區遷徙而來的物種，由於冰河消退、全球氣候暖化所致，為尋求更適宜生存的環境，遂逐漸往高海拔分布，而在與種源族群長久地理隔離之後，最終種化為本土特有物種，像是台灣寬尾鳳蝶（*Agehana maraho*）、台灣高山田鼠（*Microtus kikuchii*）、台灣山椒魚（*Hynobius formosanus*）、櫻花鉤吻鮭（*Oncorhynchus masou formosanus*）等等。鳥類方面，只有祖先來自古北區及東洋區（含喜馬拉雅、中南半島地區）的鳥類有種化情況，例如台灣朱雀（*Carpodacus formosanus*）、台灣藍鵲（*Urocissa caerulea*）；而祖先帶有菲律賓色彩、來自澳洲區的鳥類則無一演化成特有種。動物地理區的劃分，實際上是為了研究動物的地理分布，而動物的分布、遷徙常受地形地貌、食物資源、氣候環境所限制，甚或湖泊、溪流、海洋的阻隔，往往因為以不同動物類群（哺乳類、鳥類、兩棲爬蟲類、昆蟲）或研究範圍（全世界、島嶼）所作調查而有另一番見解，尤其是島嶼間的差異性。

　　20世紀30年代，日本動物學者鹿野忠雄（1906-1945）便觀察出蘭嶼的動物相其實與菲律賓呂宋島較為相似，反而迥異於台灣。部分在蘭嶼普遍可見的物種，也不見於台灣，但在呂宋島相關親緣屬種的多樣性極高，例如球背象鼻蟲（*Pachyrhynchus tobafolius*）、蘭嶼光澤蝸牛（*Helicostyla okadai*）等等。鹿野忠雄在蘭嶼實際研究調查後提議將華萊士線朝北延伸，劃過台灣與蘭嶼之間，這條延伸出來的線等於隔開了二個不同的動物地理區。依華萊士對島嶼之定義及分類，台灣和蘭嶼分別屬於大陸島（continental islands）和海洋島（oceanic

▲ 蘭嶼綠島特色鳥類-長尾鳩　　　　　　　▲ 蘭嶼綠島特色鳥類-黑綬帶

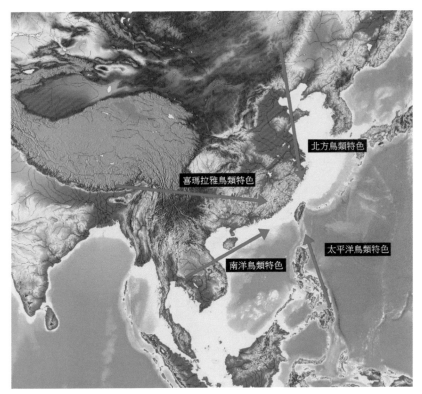

北方鳥類特色

喜瑪拉雅鳥類特色

太平洋鳥類特色

南洋鳥類特色

▲ 不同陸橋來台的鳥類

islands，海洋島多由海底火山噴發造成），在地理形貌上，雖然都是四周環海的島嶼，卻各自矗立於不同的海底板塊山脈上，因此推測於歷次冰河期，島上物種也各自循不同陸橋而來（台灣與蘭嶼的物種，分別循著台灣海峽東西向遷徙與巴士海峽南北向遷徙），這是為何蘭嶼的動物相異於台灣，卻與菲律賓呂宋島相似的緣由。

但台灣與蘭嶼之間距離不遠，以島嶼生物地理概念來說，難道蘭嶼的動物相不會受台灣所影響？且台灣花東地區的海岸山脈與蘭嶼、綠島同位於菲律賓海板塊上，理論上海岸山脈的動物相應該與蘭嶼、綠島相似才對，為何海岸山脈反而相近於台灣的動物相呢？例如，海岸山脈也有朱鸝（*Oriolus traillii ardens*）、藍腹鷴（*Lophura swinhoii*）、台灣山鷓鴣（*Arborophila crudigularis*）的分布，前已述及，關鍵在於台灣與蘭嶼間的海溝非常深[13]，就

13　台灣島東西兩側的海溝差異甚大。在東側，距岸約數十公里的海床，深度已超過1,000公尺，最深甚至達5,000公尺；而西側的台灣海峽，海床深度多在200公尺以內。

算在冰河時期海平面下降，仍有海水阻隔，如此足以阻隔兩邊物種的交流了。而花東縱谷或許未曾被海水淹沒過，因此動物於海岸山脈與中央山脈之間的交流相對容易許多。

　　動物的遷徙受地形地物影響甚大，相較於哺乳類或其他無脊椎動物而言，對具備飛行能力的鳥類來說，其優越的活動力幾乎可以克服許多地理限制，顯然島嶼間的距離不是什麼大問題。檢視台灣與蘭嶼、綠島的留鳥，除了棲息於低海拔屬於東洋區鳥種為共有特徵外，多數分布於中高海拔的古北區鳥種則僅見於台灣，不見於蘭嶼、綠島。然而，有少數具有太平洋色彩的鳥種在蘭嶼、綠島則相當普遍，卻很少出現在台灣，這些鳥種主要分布於琉球群島、綠島、蘭嶼至菲律賓北部各島嶼，例如棕耳鵯（*Hypsipetes amaurotis harterti*）、蘭嶼角鴞（*Otus elegans botelensis*）、黑綬帶鳥（*Terpsiphone atrocaudata periophthalmica*）[14]等。台灣與蘭嶼、綠島各自有不同種的綠繡眼分布，台灣常見的是斯氏繡眼（*Zosterops simplex*），而棲息於蘭嶼、綠島的綠繡眼曾被認為是日菲繡眼（或稱暗綠繡眼，*Zosterops japonica*）的一個亞種，近年的分類研究才重新認為是分布于菲律賓呂宋島和巴布亞島（Babuyan）常見的低地綠繡眼（*Z. meyeni*）的一個亞種（或稱巴丹綠繡眼，*Zosterops meyeni batanis*）[15]，此亞種除蘭嶼、綠島外，巴丹群島亦有分布。在東部地區較為常見的黑頭文鳥（*Lonchura atricapilla formosana*）雖然是台灣原生亞種，但此亞種一樣在巴丹群島也有分布，推測是由南洋擴散而來，所以並非台灣特有亞種。另外，主要棲息於菲律賓及南洋群島的長尾鳩（菲律賓鵑鳩，*Macropygia tenuirostris*）及紅頭綠鳩（*Treron formosae formosae*）是蘭嶼留鳥中最具菲律賓特色的鳥類了，其中紅頭綠鳩亞種小名更是與台灣有關，一般認為是台灣特有亞種，但以分布範圍來看，似乎更像是琉球群島、綠島與蘭嶼的特有鳥類。我們以動物地理區的概念可以了解大尺度不同區域鳥類相組成、鳥種（種源）與地理分布的關係之外，在更為細緻的尺度方面，例如島嶼地形、土壤、海拔、森林覆蓋程度、氣候等環境多樣性條件，對於島嶼鳥類相組成亦有程度不一之影響。

▲ 黑頭文鳥台灣亞種

14　台灣地區可見到的綬帶鳥共有三種，分別是紫綬帶Japanese Paradise Flycatcher（亦稱日本綬帶，過境鳥）、黑綬帶Black paradise flycatcher（蘭嶼留鳥）與亞洲綬帶Asia paradise flycatcher（過境鳥）。

15　巴丹綠繡眼（*Zosterops meyeni*）又稱低地綠繡眼，僅分布於蘭嶼、綠島。與普遍分布於台灣本島的暗綠繡眼（*Zosterops japonica*）做比較，低地綠繡眼體羽偏黃綠，胸腹羽色較淡，體型稍大、鳥喙色也有些微差異。

海拔、海拔、海拔！

百餘年前，台灣還是各國的殖民地時期，已有歐美及日本專家學者對台灣鳥類進行研究調查，隨時代進步及更多相關研究者的努力投入，無論從宏觀的動物地理區、隔離、演化，再到微觀的島嶼生物地理、動物行為生態等面向切入，如若再將全球暖化所導致的環境變遷考慮進來，我們看到所有發生在這片土地上的特有鳥類，幾乎與海拔植群所形成的多樣化棲地，關係最為密切。

1. 海拔-動物地理鳥類相特色：在地質年代及地形構造等時空因素下，台灣不僅是大陸型島嶼，更是四周環海的高山島嶼，隨著海拔遞升，全島具有熱帶至亞寒帶之氣候植被特徵，蓊鬱的林相及植群結構亦提供野生動物多樣化棲地。普遍而言，分布於台灣中低海拔的特有鳥類，較具有東洋區鳥類羽色豔麗、善於鳴唱之特徵，例如繡眼畫眉（*Alcippe morrisonia*）、棕噪鶥（*Pterorhinus poecilorhyncha*）、黃胸藪鶥（*Liocichla steerii*）、小彎嘴畫眉（*Pomatorhinus musicus*）、大彎嘴畫眉（*Erythrogenys erythrocnemis*）、藍腹鷳、台灣山鷓鴣、台灣竹雞、白頭翁（*Pycnonotus sinensis formosae*）、烏頭翁（*Pycnonotus taivanus*）、白環鸚嘴鵯（*Spizixos semitorques cinereicapillus*）。

   棲息於高海拔的特有鳥類則多半有古北區鳥類樸實無華、較能適應酷寒氣候之特色，例如岩鷚（*Prunella collaris fennelli*）、東方灰林鴞（*Strix nivicolum yamadae*）、大赤啄木（*Dendrocopos leucotos insularis*）、火冠戴菊（*Regulus goodfellowi*）、栗背林鴝（*Tarsiger johnstoniae*）、白眉林鴝（*Tarsiger indicus formosanus*）等。當然，鳥類是機動能力強的動物，能隨著季節、食物資源或適宜棲地而昇降遷[16]，想觀賞那一類鳥種，以特定海拔為範圍一定不難找到。

2. 海拔-島嶼鳥類相特色：就平面尺度及地理位置來看，台灣鳥類十足符合島嶼鳥類相特徵，島嶼與大陸（種源）之間隔離的距離及程度（時間），往往與島嶼物種的替換速率（遷入與滅絕）有關，此替換速率便是島嶼生物地理學的核心。遷入島嶼的物種如果被地理隔離一段相當長的時間，且隨著環境變化而無遭受重大滅絕威脅，非常有可能就地演化出新的物種來，這是島嶼比其他地方擁有更多特有物種比例的原因之一（島嶼面積、棲地多樣化亦有影響），因此島嶼鳥類的特有性，就是島嶼鳥類相的一大特徵，特有鳥類與環境間獨特的適應演化以及生態系統中的地位，一直是人們所關注的焦點。以鄰近緯

---

16 降遷或昇遷：部分鳥類的海拔分布隨季節而變動的現象；例如五色鳥、白環鸚嘴鵯等食果性鳥類冬天有由低向中海拔擴散的趨勢，是因為中海拔山區有較多植物在冬天大量結果；而中、高海拔食蟲性鳥類在冬天往低海拔擴散分布，主要是受到氣候及食物短缺的影響。

度、同屬大陸型島嶼的海南島做比較，台灣與海南島不但有著相似的氣候環境與單位面積，鄰近種源地（歐亞大陸）也一致，唯一差異在於與種源地的地理隔離，於此便可推測隔離效應（isolation effects）[17]對於種化的影響：與種源地較近、隔離時間較短的海南島僅有3個特有種鳥類[18]；相較於與種源地較遠、隔離時間較長的台灣，特有種鳥類則明顯較多（隔離距離：海南島與大陸間隔著瓊州海峽，最近距離27公里左右；台灣與大陸最近距離約125公里。隔離時間：海南島形成於更新世中期，比台灣年輕）。

以立面尺度來看，台灣島內海拔3,000公尺以上高山林立，山頭與山頭間的距離，對部分生物的遷徙來說無異於海洋；有的高山森林因為人為或天災等因素而造成棲地破碎化，這些破碎化的棲地與山頭皆可單獨視為一座座島嶼（所謂的棲地島habitat islands）。以島嶼鳥類相來進行研究觀察，或許可以發現許多有趣的故事，例如棲地島的面積大小與種源地之間的距離效應對鳥種豐富度的探討（黃永坤，2004）、棲地島間相同鳥種的行為（鳴唱、求偶生殖、覓食策略）差異等。台灣中、高海拔山區是特有鳥類主要分布的區域，特有種多分布於中、高海拔，特有亞種在中海拔的種類較多，其中山紅頭（*Cyanoderma ruficeps praecognitum*）、小鶯（*Horornis fortipes robustipes*）、灰喉針尾雨燕（*Hirundapus cochinchinensis formosanus*）、青背山雀（*Parus monticolus insperatus*）、松雀鷹（*Accipiter virgatus fuscipectus*）等11種特有亞種從低海拔至高海拔皆有分布，而特有種幾乎無此廣泛分布現象，顯見特殊的海拔棲息環境對於特有種鳥類有其侷限性。從鳥類遺傳多樣性的分析探討，或許可以察覺棲息於不同海拔的同種鳥類，正悄悄地以我們眼睛無法得見的變異進行演化，例如分別棲息在太魯閣地區低、高海拔的山紅頭族群，其遺傳分化已經不同（許育誠，2019）。

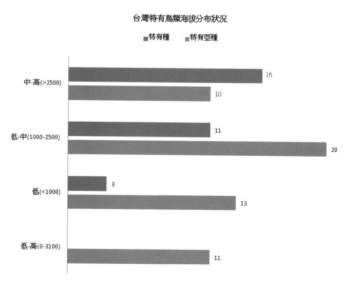

台灣特有鳥類海拔分布狀況

■特有種　■特有亞種

中-高(>2500)	16 / 10
低-中(1000-2500)	11 / 20
低(<1000)	3 / 13
低-高(0-3100)	11

17　隔離效應（isolation effects）：一個地區的生物相中，特有生物的比例可以視為該地區隔離時間與大陸種源距離長短的指標。

18　海南島特有鳥種有：海南山鷓鴣（*Arborophila ardens*）、海南孔雀雉（*Polyplectron katsumatae*）、海南柳鶯（*Phylloscopus hainanus*）。

三、台灣特有鳥類的保育

　　島嶼不但啟發我們對於生命源頭的追尋，也點燃探尋物種演化的狂熱，天擇說、演化論乃至近代許多描繪生命藍圖的學說理論都與島嶼相關，在生物學家眼中，島嶼可說是一個精美而有趣的實驗場。我們從島嶼生態學引發出意喻式的棲地島嶼，像是高山上的山頭、沙漠中的綠洲、陸地中的水體都是，並以資源永續利用的觀念來設計符合人類福祉及護佑眾生的都市公園、自然保護區等等，但我們真的善待了棲息於島上的物種嗎？自17世紀歐洲人航海盛行後，因為人為干擾（戰爭、耕作、伐木、狩獵、引入外來種）而造成的滅絕事件中，高達90%皆發生在島嶼，人類行為加速了島嶼物種滅絕速率（Atkinson，1989），就鳥類而言，島嶼鳥類的滅絕速率更是大陸的40倍（Johnson and Stattersfield，1990），上個世紀末，全球已滅絕的鳥類中，有92%皆為島嶼鳥類（Gorman，1979），許多島嶼特有物種，如今我們只能從化石、文獻或是記憶裡去拼湊！

14種台灣特有鳥類面臨存亡關鍵時刻

　　不同於大陸（指大面積陸塊）物種，島嶼物種較為脆弱，對外來干擾的反應較為明顯而劇烈，特別是島嶼鳥類，雖然只占全世界鳥種數10%，然而根據國際鳥盟（BirdLife International，2017）統計，棲息於島嶼的受威脅鳥類（threatened species）數量卻與大陸不相上下（島嶼546種，46.9% vs. 大陸617種，53.1%），其中又以孤懸汪洋中，距離大陸遙遠的海洋島嶼更為嚴峻，因為承載了不成比例的受威脅鳥類（海洋島嶼391種 vs. 大陸島嶼155種）。台灣84種特有鳥類中有52種被列入保育類野生動物名錄或受威脅鳥類紅皮書名錄[19]，換句話說這52種特有鳥類正面臨著輕重不一的生存脅迫；其中14種[20]（特有種5種，特有亞種9種）在二份名錄中均有列名，顯示在當今環境中這些特有鳥類的存亡已是關鍵時刻，再無即時而有效的挽救措施就會滅亡，例如因為天然災害（驟雨、野火）、誤食毒老鼠、

19　台灣52種特有鳥類被列入保育類與紅皮書名錄是參考2017年行政院農委會公告保育類野生動物名錄（2018修正版）與2016年台灣鳥類紅皮書名錄。紅皮書名錄可以顯示物種現況、族群趨勢與受威脅的狀態，對於保育與研究機關來說，是重要的保育施政依據。

20　14種面臨存亡關鍵時刻的台灣特有鳥類，特有種：赤腹山雀（*Sittiparus castaneoventris*）、黃山雀（*Machlolophus holsti*）、烏頭翁、台灣畫眉（*Garrulax taewanus*）、台灣白喉噪鶥（*Pterorhinus ruficeps*）。特有亞種：紅頭綠鳩、環頸雉（*Phasianus colchicus formosanus*）、八哥（*Acridotheres cristatellus formosanus*）、鵂鶹（*Taenioptynx brodiei pardalotum*）、青背山雀、東方灰林鴞、草鴞（*Tyto longimembris pithecops*）、白頭鶇（*Turdus niveiceps*）、蘭嶼角鴞。

受鳥網或捕獸鋏傷害而瀕臨滅絕的草鴞、因為引入種雜交導致族群基因遭受污染而瀕危的烏頭翁、台灣畫眉、環頸雉等。以上列舉4種特有鳥類主要分布於低海拔，受人為干擾最為直接，其它特有鳥類則多棲息於中高海拔山區環境，牠們的生存壓力除了天然災害（颱風、森林火災）外，主要還是來自於全球暖化、土地開發所導致的棲地消失、外來種競爭及非法捕捉等脅迫。

全球暖化，鳥類大搬家？

聯合國國際組織「德國監測（Germanwatch）」發表的全球氣候風險指數（Global Climate Risk Index）報告中指出，臨海國家因全球暖化而遭受極端氣候災損最為嚴重，而台灣曾被評為氣候風險全球第七，這表示全球暖化之下台灣的異常氣候出現機率將不斷增加。2007年聯合國「氣候變遷跨政府小組（IPCC）」研究報告中早指出台灣屬於氣候變遷的高危險群。全球暖化所造成的異常氣候，同時在世界各地引發不少風暴、水患、乾旱，對島嶼國家之影響尤巨，不僅重創人類生命財產，在在考驗著島嶼物種適應環境的極限。那麼，台灣鳥類如何因應全球暖化趨勢呢？

根據台灣大學李培芬教授的研究團隊在1992至2006年間，於玉山國家公園的研究發現，調查期間年均溫上升攝氏1.25℃，5種特有鳥類平均海拔分布提高了75公尺[21]，平均海拔分布上限更提高了115公尺。2014年同樣在玉山國家公園範圍內，台灣大學丁宗蘇教授則結合了相距22年的現地調查及中華鳥會40年來的鳥類分布資料進行分析後發現，22年來日月潭、阿里山及玉山三個氣象站的春夏氣溫平均上升攝氏0.92℃，48種鳥類平均海拔分布上升了60公尺，然而並非所有鳥類的海拔分布，全然都往更高海拔移動，而是有上升、下降、擴張、不變等多樣變化，但整體而言，海拔分布上升的鳥種數遠多於海拔分布下降的鳥種數，在3,000公尺以上高山地區鳥類海拔分布上升趨勢更是明顯，中高海拔鳥類會面臨較大的氣候變遷衝擊。該研究同時針對並篩選出，在海拔分布有明顯變動，易受氣候變遷衝擊之鳥種為持續關注的指標鳥種（如岩鷚、鷦鷯 *Troglodytes troglodytes taivanus*）。以上2份國內的研究調查均顯示了平均氣溫上升（全球暖化），台灣鳥類的海拔分布有朝更高海拔移動的現象（李培芬，2008、丁宗蘇，2014），因此可以推測，當地球溫度愈來愈高，將造成台灣山區鳥類在海拔分布上重新洗牌，原本分布於中低海拔的鳥類可能往高海拔移動或是擴張，

21　因全球暖化而提高海拔分布的5種鳥類均為台灣特有鳥類：白眉林鴝、煤山雀（*Periparus ater ptilosus*）、火冠戴菊、深山鶯（*Horornis acanthizoides concolor*）、褐頭花翼。

而多數分布於中高海拔的特有鳥類則持續往更高海拔昇遷，如此情況下將面臨棲地限縮甚或無地可棲之情形，鳥種間的競爭壓力也會變大，滅絕風險就提高了。美國史丹佛大學學者以棲地變遷模型推估鳥類所能忍受的海拔變動範圍，最糟的情況下，倘若氣溫上升攝氏6.4℃，將有高達30%的陸鳥可能在2100年之前絕種；上升2.8℃度則可能造成400至550種陸鳥滅亡，全球暖化使許多物種往高海拔遷徙，棲地在競爭下愈發擁擠，將迫使不少動植物瀕臨滅絕（Sekercioglu，2008）。

除了溫室效應所導致的全球暖化使得山區鳥類適宜棲地大幅縮減，另一個直接造成鳥類棲地消失的原因即是伐木和農業活動所造成的森林破壞，例如印尼自2000年以來已經失去了40%的森林覆蓋率，原因是需要木材產品和種植新作物的土地，如生質燃料；據世界自然基金會（World Wildlife Fund）估計，巴西亞馬遜雨林在2001至2012年間，已有超過1,700萬公頃的森林消失，亞馬遜雨林已經瀕臨生態危機的臨界點。致使大陸物種走向滅亡的原因已經非常清楚，就是人類活動造成的森林破壞，科學家估計此將成為下一個物種大量滅絕的主因，近10年間已有8種鳥類走入滅絕（或近乎滅絕）即是最明顯的警訊（Stuart et al. 2018）。雖然國內森林已很少有伐木作業，但人為活動對島嶼鳥類生存造成的干擾卻也不容小覷[22]，就特有鳥類來說，外來種（exotic species / alien species / introduced species）是另一大頭痛問題。

南橘北枳，竭澤而漁

隨著交通運輸的便利及各國貿易之普及，無論以何種目的（自然或人為）而引進的外來種鳥類，幾十年來有部分因為脫逃野外、遭惡意棄養或宗教放生，已經對台灣本土鳥類造成嚴重影響[23]，尤其是台灣特有鳥類，首當其衝。當一個外來種對本土生物及環境造成災害時，即是所謂的入侵種（invasive species），譬如紅嘴藍鵲（又稱中國藍鵲 *Urocissa erythrorhyncha*）、大陸畫眉（*Garrulax canorus*）以及環頸雉（非台灣特有亞種）等三種入侵種分別造成台灣藍鵲、台灣畫眉及台灣特有亞種環頸雉的基因污染，因為野外已經發現有雜交後代出現；另一種同樣族群基因遭受污染的特有種鳥類烏頭翁，則肇因於宗教放生白

22　人為活動對島嶼物種造成的干擾有1.棲地破壞：土地利用方式改變及開發，加速原有棲地之破壞。2.外來種引進：隨著人類拓殖，外來種如貓、狗、蛇、鼠或籠中逸鳥等也大量進駐島嶼，而加速原生物種滅絕；過去兩百年間，92%滅絕的鳥類皆為島嶼鳥類。3.過度獵捕：島嶼特有鳥類，往往被視為珍奇異寶，而遭獵奇者大量捕獲販售，致使原已過小之族群遭滅絕。4.環境污染：都市化及工商發展開發所帶來之環境污染，導致島嶼物種棲地變異或消失。

23　參考林務局網頁：https://conservation.forest.gov.tw/0001664

頭翁而導致，此二種鴉科鳥類在花蓮與屏東分布重疊的地區，同樣發現有雜交後代（雜頭翁）出現，烏頭翁種源純正問題，如今面臨考驗。其它已在野外建立穩定族群的外來種大抵都屬強悍物種，如白尾八哥（*Acridotheres javanicus*）、家八哥（*Acridotheres tristis*）等椋鳥科（Sturnidae）鳥類、鶲科（Muscicapidae）的白腰鵲鴝（*Copsychus malabaricus*）、噪鶥科（Leiothrichidae）的黑喉噪鶥（*Garrulax chinensis*）等，在食物資源、巢位競爭、疾病或寄生蟲傳染等方面對特有鳥類形成的生存脅迫，都需要進行嚴密監控與有效的防禦措施，否則一旦發生嚴重危害，後果難以想像。

外來種鳥類帶來的危機絕大部分導因於人為所致，由於寵物鳥市場需求，商人不斷自國外進口鸚鵡、雀鳥等新奇鳥類，有些更是IUCN Red List中的瀕危物種[24]，然多數民眾並不認識這些進口鳥種來歷，銀貨兩訖後，得利的商家不可能還有售後服務，一旦發生棄養或逸鳥，傷的是物種生命以及我們的環境。筆者曾多次觀察各處鳥店，有時候連季節性野鳥（候鳥）也成了待價而沽的籠中物，例如藍磯鶇（*Monticola solitarius*）、野鴝（*Calliope calliope*）、鶺鴒（*Motacilla* spp.）、黑臉鵐（*Emberiza spodocephala*）、白腹鶇（*Turdus pallidus*）、紅尾鶲（*Muscicapa ferruginea*）等。近幾年更有少數商家展售過冠羽畫眉、白耳畫眉（*Heterophasia auricularis*）、黃山雀、赤腹山雀、小彎嘴畫眉、黃胸藪鶥、山紅頭、褐頭鷦鶯、紅嘴黑鵯（*Hypsipetes leucocephalus nigerrimus*）、粉紅鸚嘴（*Sinosuthora webbiana bulomacha*）、白環鸚嘴鵯、鉛色水鶇（*Phoenicurus fuliginosus affinis*）、樹鵲（*Dendrocitta formosae formosae*）等台灣特有鳥類，而一箱箱等著被買去放生的白頭翁、斑文鳥、斑鳩更是不計其數，顯然在商業利誘下，非法捕捉（走私進口）仍然存在，無怪乎外來種問題沉痾至今而難以解決。

近20年國家政策及社會氛圍無不以拼經濟、拼外交為要，關於環境保護大抵環繞在空汙、非核家園、藻礁等，與野生動物相關的則大多在動物面臨存亡之際才有議題，例如石虎、中華白海豚、草鴞。許多工程計畫包括山坡地、觀光用地、工業用地開發，很少將生態因素考慮在內，更遑論其對野生動物之影響；即使生態工法行之有年，然我們在面對大自然時仍多以「人治」觀念想當然爾地進行，例如將淺山野溪改造成鋼筋混凝土人工溪、山坡地開發改植經濟作物，非旦改變原有自然景觀，遭致破壞的生態卻已無法挽回。對於特有物種

24　IUCN Red List（世界自然保護聯盟瀕危物種紅色名錄）是國際間公認來評估動植物種保育狀態，具有普遍性與客觀性的方法，並對各國政府、非政府組織（NGOs）和學術機構扮演著重要的指導角色。1994年開始被導入來決定物種滅絕的風險，它適用於所有生物，由研究人員和參與機構所組成的工作網絡，收集以生物學與物種保育狀態為基礎的科學數據，將物種分類為：絕滅（EX, Extinct）、野外絕滅（EW, Extinct in the Wild）、極危（CR, Critically Endangered）、瀕危（EN, Endangered）、易危（VU, Vulnerable）、近危（NT, Near Threatened）、無危（LC, Least Concern）、缺乏數據（DD, Data Deficient）、未評估（NE, Not Evaluated）等9個級別。

▲ 台灣的逸鳥、入侵鳥

的保育，政府必須展現出更多的決心與關注，落實國家生物多樣性相關保育政策，推廣保育觀念。雖然國內野生動物保育法已施行多年，執行成效普遍受到肯定，卻也只能行事後裁罰及遏阻警惕作用。保育工作除了要保護瀕危物種避免滅亡，還得復育物種達最小族群量[25]，且不單單著墨於單一物種，其他相關要素如生物多樣性、棲地多樣性、永續利用乃至社會經濟與法律方面的要求等，都需要更細緻的規劃。台灣的特有物種比率很高，不論在研究、教育、保育或利用上，都因其獨特性而有很高的價值，特有鳥類更是其中一群多麼珍貴且美麗的動物，是台灣生物多樣織錦中色彩最斑斕奪目的一部分，自上次冰河期結束至少已經在這塊土地生存了18,000年之久，我們真的有幸能擁有此獨一無二的珍寶。

---

25 最小族群量（或最小可存活族群minimum viable population）：當一個物種的族群量如果持續下降，一旦低到某一門檻，滅絕風險將立刻攀升，這個族群量門檻就是該物種的最小族群量。然每個物種的最小族群量不盡相同，例如陸地大型哺乳動物野生個體是500隻、野生鳥類是500對。

參考資料

Atkinson, A. (1989) Introduced animals and extinction. In: Western, D. and Pearl M. (eds.), Conservation for the Twenty-first Century, New York: Oxford University Press, 54-69.

Cibois A, Kalyakin MV, Lian-Xian H, Pasquet E．Molecular phylogenetics of babblers (Timaliidae)：revaluation of the genera Yuhina and Stachyris．Journal of Avian Biology, 2002, 33 (4): 380-390.

Gorman, M.L. (1979) Island Ecology. London: Chapman and Hall Ltd.

Holt, B. G., J.-P. Lessard, M. K. Borregaard, S. A. Fritz, M. B. Araújo, D. Dimitrov, P. -H. Fabre, C. H. Graham, G. R. Graves, K. A. Jønsson, D. Nogués-Bravo, Z. Wang, R. J. Whittaker, J. Fjeldså and C. Rahbek. 2013. An update of Wallace's zoogeographic regions of the world. Science 339: 74-78.

Johnson, T.H. & Stattersfield, A.J. (1990) A global review of island endemic birds. Ibis 132: 167-180.

Sekercioglu CH, Schneider SH, Fay JP, Loarie SR. Climate change, elevational range shifts, and bird extinctions. Conserv Biol. 2008 Feb; 22 (1):140-50.

Stuart H.M. Butchart, Stephen Lowe, Rob W. Martin, Andy Symes, James R.S. Westrip, and Hannah Wheatley (2018). Which bird species have gone extinct? A novel quantitative classification approach, Biological Conservation, 227 (4): 9-18.

BirdLife International (2017) Many threatened birds are restricted to small islands. Downloaded from http://www.birdlife.org on 22/11/2018.

李培芬。2008。氣候變遷對生態的衝擊。科學發展，424，頁34-43。

許育誠。2019。太魯閣國家公園鳥類遺傳多樣性研究。太魯閣國家公園管理處委託辦理報告。

黃永坤。2004。台灣南部山頭島嶼鳥類群聚的島嶼效應。國立屏東科技大學。碩士論文。

潘致遠、丁宗蘇、吳森雄、阮錦松、林瑞興、楊玉祥、蔡乙榮。2017。〈2017年台灣鳥類名錄〉。中華民國野鳥學會。台北，台灣。

台灣山鷓鴣（深山竹雞、紅跗蹠竹雞）

幼鳥或亞成鳥上喙中央紅色

胸部鼠灰色

尾羽極短

▲ 台灣山鷓鴣

相關種類及分布

台灣特有種。

近緣種為分布於海南島的海南山鷓鴣（*A. ardens*，亦是當地特有種）、分布於印度東北、緬甸及中國雲南西南的白頰山鷓鴣（*A. atrogularis*），可能皆來自相同祖先（Johnsgard，1988）。

A. crudigularis

科名 雉科 Phasianidae	學名 *Arborophila crudigularis*
英名 Taiwan Partridge	同種異名 無

外形特徵

　　外形似鵪鶉，然舊有俗名「深山竹雞」容易讓人誤解，因為牠與竹雞不同屬，更不是只生活在深山。雌雄外形相同。額鼠灰色，近喙處轉白，頭頂、頸、背部棕褐色，密布橫斑。眼周裸露處暗紅，虹膜褐色，黑色過眼線沿耳羽環繞白色臉頰，至喉處形成橫向環斑，鳴唱時，環斑中央紅色裸露非常顯眼。成鳥喙全黑，幼鳥喙尖處及亞成鳥上喙中央均為紅色。胸部鼠灰色，延伸至下腹部轉為白色，腹側具白色斑點，尾羽極短，朝下，尾下覆羽暗黃，有黑色橫斑。跗蹠紅色。

生態習性

　　棲息於中、低海拔300至2,300公尺山區原始闊葉林底層，族群隨著食物來源而有季節性遷徙。通常成小群活動，性機敏，稍有風吹草動便快速竄入四周植群藏匿，不易觀察，大多只聞其聲不見其影。

　　雜食性，邊走邊覓食，會以跗蹠爪扒開土壤，啄食其中的昆蟲、嫩芽、漿果或種子，有時會與藍腹鷴鷴群混群共同覓食。

　　每年3至8月為繁殖期，在地面濃密植被處築巢，巢以草葉簡易鋪設而成。每窩產3至4顆純白色無斑點的蛋，孵蛋期約25天，雛鳥為早熟性，破殼後不久即追隨雌鳥呼喚離巢。

▲ 白頰山鷓鴣

▲ 海南山鷓鴣

保育狀況 🄻 保育第Ⅲ

不普遍留鳥。雖不易觀察，但族群暫無明顯生存壓力，國內保育等級屬第三級──其他應予保育之野生動物。

台灣竹雞（灰胸竹雞）

雄鳥面部灰色

雄鳥有腳距

雌鳥無距

▲ 成鳥♂　　　　　▲ 成鳥♀

▲ 台灣竹雞

相關種類及分布

　　台灣特有種。

　　以前被認為是中國竹雞（*B. thoracicus*）的亞種，但二者由於羽色、鳴唱聲音的差異及地理隔離等因素，近年學者則認為是二個獨立種（del Hoyo and Collar，2014）。分布於中國長江以南各省的中國竹雞，頭、頸兩側栗紅色，腹部羽色較淡；而台灣竹雞頭、頸兩側灰色，腹部羽色深，有較大的斑點。日本的野生竹雞，種源來自中國竹雞。

B. sonorivox

科名 雉科 Phasianidae	學名 *Bambusicola sonorivox*
英名 Taiwan Bamboo-Partridge	同種異名 無

外形特徵

　　雌雄外形相同。成鳥頭、胸部大致為藍灰色，雄鳥面部灰色，雌鳥與亞成鳥為橄欖棕色，跗蹠淡黃偏綠，雄鳥有腳距，雌鳥則無。其他身體各部位則是棕褐色，有細雜斑紋或斑點的組合。鳴唱時，會露出栗色喉部，下胸、腹側和尾下覆羽黃褐色，中央尾羽褐色，有黑色細微蟲紋，其他尾羽棕赤色。喙鉛黑色，虹膜褐色。

生態習性

　　棲息於低海拔山區林緣、次生林或農地，「雞狗乖、雞狗乖」的獨特鳴唱非常容易被察覺，但由於生性隱密，並不容易見到。早期先民會利用馴養長大的竹雞，以其具有領域性之特點，誘拐捕獲其他野生竹雞，在野生動物保育觀念尚未普及之前，亦是山產店常見野味。

　　雜食性，群體一起覓食，有時一邊覓食一邊進行沙浴。

　　繁殖期在3至8月間，於草叢、灌叢或竹林地面築巢，一般窩蛋數為5至10顆，孵化期約18天，雛鳥為早熟性，孵化後就可以跟隨雌鳥到處去覓食。

頭、頸兩側栗紅色

▲ 中國竹雞

保育狀況 🄛
保育等級屬一般類野生動物。

黑長尾雉（帝雉、海雉、烏雉）

臉裸露皮膚紅色

雄鳥體羽紫黑色帶光澤

尾甚長，有白色橫斑。

跗蹠灰色

▲ 成鳥♂

相關種類及分布

　　台灣特有種。

　　除了台灣的黑長尾雉，本屬在中國有2個特有種：分布於長江中下游的白頸長尾雉（*S. elliotiu*）及分布在中國中、北部的白冠長尾雉（*S. reevesii*）。黑長尾雉是唯一憑藉著2根尾羽而被確定為新種的鳥類，舊稱「帝雉」，是因為其英文名與種小名中的「mikado」為日文「天皇」之意。

S. mikado

科名 雉科 Phasianidae	學名 *Syrmaticus mikado*
英名 Mikado Pheasant	同種異名 無

雌鳥體型較小，全身棕褐色。

▲ 成鳥♀

外形特徵

　　雌雄外形相異，雄鳥體羽紫黑色帶光澤，臉裸露皮膚紅色，虹膜紅褐或淡褐色，喙灰白色。翅膀白色翼帶非常顯眼，尾甚長，有白色橫斑。跗蹠灰色。雌鳥體型較小，全身棕褐色，胸、背及翅膀有白色箭斑及暗褐色蟲蠹斑，眼周裸露皮膚為粉紅色。亞成鳥整體似雌鳥。

生態習性

　　棲息於1,800至3,300公尺中高海拔針闊葉混合林、針葉林或箭竹林中，是台灣雉科鳥類中，分布海拔最高的。在雨後或晨昏時刻常見於林道中覓食，姿態優雅，性謹慎，有固定的活動路線。受驚嚇很少飛行，會快速奔跑躲入旁邊植群，領域性極強，除繁殖期以外，多單獨活動。

　　雜食性，撿拾地面昆蟲、嫩芽、漿果或種子為食。

　　繁殖期為3至7月，採一夫一妻或一夫二妻制，選擇於地面灌叢隱蔽處，或近地面大型樹幹縫隙內築巢，雌鳥會在地上挖掘淺坑，內墊枯細草莖、草葉和羽毛。窩蛋數3至10顆，雌鳥承擔孵蛋工作，孵化期約27天。

保育狀況 保育類II

IUCN-NT亟須保護的瀕危動物。屬國內保育類野生動物第二級——珍貴稀有保育類野生動物。

環頸雉（雉雞、野雞）

雄鳥有耳簇羽

頸圈白色

雌鳥體型較小

腹部黑褐色

▲ 台灣亞種

▲ 成鳥♀

▲ 成鳥♂

相關種類及分布

　　台灣特有亞種。

　　本種起源地在亞洲東部，而後被引入歐洲、北美洲、夏威夷、澳洲和紐西蘭等地被當作狩獵鳥（game species），在不斷馴化和雜交之下，導致該種出現相當複雜而難以判斷的品種。

環頸雉目前被認定有31個亞種，*formosanus*僅分布於台灣，屬於台灣特有亞種。鄰近亞種則有分布於中國安徽、山東、廣西北部和廣東北部的華東亞種 *torquatus*，分布於中國廣東西南部以及越南東北的廣西亞種 *takatsukasae* 等，金門地區的環頸雉是華東亞種。台灣亞種、華東亞種、廣西亞種雄鳥的白色頸圈會在喉部中斷。台灣亞種腹側脇部米白色帶黑斑，華東亞種為紅棕色帶黑斑。

科名 雉科 Phasianidae	學名 *Phasianus colchicus formosanus*
英名 Ring-necked Pheasant	同種異名 無

外形特徵

雌雄外形相異,雄鳥臉部紅色,頭部為藍綠色光澤,有耳簇羽,虹膜黃色,喙淡黃色。頸圈白色,體羽為亮麗的橙、紅、棕、紫色,有白色及黑色斑點,腹部黑褐色。尾甚長,褐色具黑色橫紋,跗蹠灰綠。雌鳥體型較小,羽色偏淡,周身密布淺褐色斑紋,眼周紅色有白色眶。亞成鳥整體似雌鳥。

生態習性

棲息於平原開闊的荒野地、丘陵地、河床或旱作農地等,有時也見於疏林的灌叢中,台灣中、南、東部較常見,北部甚為稀少。受驚嚇時,會迅速起飛,也會伴隨急迫而緊切的叫聲。

雜食性,啄食地面植物種子、嫩葉、各種昆蟲和田地裡的穀物。

每年3至6月為繁殖期,一夫多妻制,雌鳥與雄鳥交配後,獨自於濃密草叢地築巢,巢以植物莖葉簡易鋪設而成。每窩產蛋6至12顆,最多可達16顆,蛋為淡土黃色無斑點,雌鳥負責全部的孵蛋和育雛工作。孵蛋期約24至29日,雛鳥破殼後即可行走。

淡黃色

橘色

▲ 華北亞種

▲ 華東亞種
金門的環頸雉即為此種

保育狀況 CR 保育類II

因外來種引入,雜交造成種源污染。屬國內保育類野生動物第二級——珍貴稀有保育類野生動物。

藍腹鷳（藍鷳、山雞、華雞）

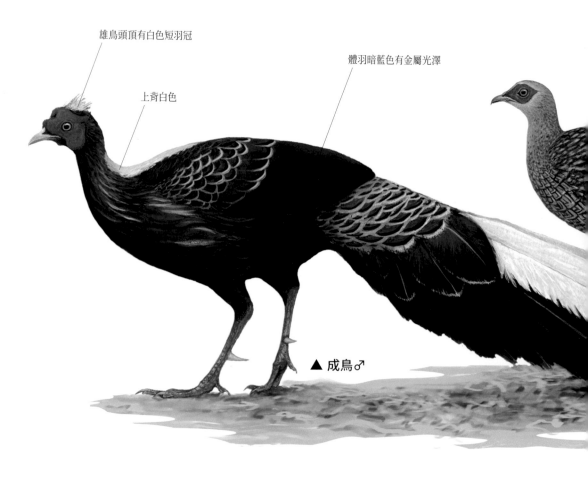

雄鳥頭頂有白色短羽冠

上背白色

體羽暗藍色有金屬光澤

▲ 成鳥♂

相關種類及分布

　　台灣特有種。

　　近緣種為分布於中國南部、東南亞各地的白鷳（*L. nycthemera*），二者雖然形態、生態區位相似，但藍腹鷳只侷限生活在台灣山區，且雄鳥明顯與白鷳雄鳥有互異的體色，是研究動物地理、系統演化很好的目標物種。

　　藍腹鷳的英文名及種小名都是為了表彰英國博物學家R. Swinhoe，而這也是目前全世界唯一以他的名字為種小名的鳥類。

L. swinhoii

科名 雉科 Phasianidae	學名 *Lophura swinhoii*
英名 Swinhoe's Pheasant	同種異名 無

雌鳥中央尾羽尾褐色，有黑色蟲紋，其他尾羽棕赤色。

跗蹠紅色

▲ 成鳥♀

中央尾羽白色

外形特徵

　　雌雄外形相異，雄鳥華麗，雌鳥樸素。雄鳥面部紅色，激動時會擴張，喙淡黃，虹膜棕褐色，頭頂有白色短羽冠。體羽暗藍色有金屬光澤，上背白色，肩羽酒紅色，翅膀及尾上覆羽羽緣亮綠色，中央尾羽白色，其餘尾羽藍黑色。雌鳥紅色面部較小，體羽黃褐色，有" V "形斑和黑色蟲斑，中央尾羽尾褐色，有黑色蟲紋，其他尾羽棕赤色。跗蹠紅色。亞成鳥外形似雌鳥，但體羽色偏淡。

生態習性

　　棲息於中、低海拔闊葉林，常在晨、昏出來活動，或是雨後也容易見其出現覓食，有固定的覓食路線。行動機警，受驚時會迅速鑽入附近植叢躲藏，少飛行。

　　雜食性，覓食行為如多數雉科鳥類般，以跗蹠爪扒開土壤，啄食其中的昆蟲、嫩芽、漿果或種子。

　　繁殖期在3至7月間，採一夫多妻制，於枯木或岩縫間隱蔽處地面淺坑築巢，巢內墊以乾樹葉、草莖或羽毛。窩蛋數為5至7顆，孵化期約28天。雛鳥屬早熟性，但雌鳥照顧子代有時長達一年，達獨立時，雄鳥通常較雌鳥早離開家族。

保育狀況 🆔 保育類II

不普遍留鳥。由於雄鳥羽色華麗，在台灣仍面臨獵捕壓力，但更大的生存威脅來自於中、低海拔的棲地破壞。國內保育等級屬於第二級——珍貴稀有保育類野生動物。

金背鳩 (山斑鳩)

頸側具顯目黑白色斑

頭頸胸、腹淺褐色。

肩及覆羽黑色，羽毛
邊緣橙紅色。

跗蹠紅色

相關種類及分布

　　台灣特有亞種。

　　本種有6個亞種，主要分布於亞洲大部分
地區、俄羅斯遠東地區及庫頁島。亞種間外
形均極為相似，有些可由體羽深淺區別，例
如與遍布整個東亞的指名亞種*orientalis*相
較，台灣特有亞種*orii*體色較暗；琉球亞種
*stimpsoni*體色偏鼠灰色；生活於印度中部的
印度亞種*erythrocephala*體色偏鏽紅色；華南
亞種*agricola*體色較淡。

科名 鳩鴿科 Columbidae	學名 *Streptopelia orientalis orii*
英名 Oriental Turtle-Dove	同種異名 無

外形特徵

雌雄外形相似。額至頭頂鉛灰色，虹膜橙黃，喙灰色。頭頸胸、腹淺褐色。頸側具顯目黑白色斑。肩及覆羽黑色，羽毛邊緣橙紅色。腹部淺灰色，尾羽外側、末端灰白色。跗蹠紅色。

生態習性

普遍棲息於低海拔山區林緣，有時也出現於耕地或棲坐於電線。不避諱人類活動地區，因此在都會公園亦能見到。

食性以果實、種子及嫩芽為主，昆蟲為輔，也撿食人類餵養野鴿的飼料。

4至6月為繁殖季，選擇於濃密樹冠層枝條間為巢位，以小枝條為巢材。一窩產2顆蛋，雛鳥孵化期15至16天，雌雄共同育雛，約半個月離巢。

體色偏鏽紅色

體色偏鼠灰色

▲ 印度亞種　　　　　　　　　　　　▲ 琉球亞種

保育狀況 🄛

保育等級屬一般類野生動物。

紅頭綠鳩（紅頂綠鳩）

雄鳥頭頂橙黃色

喙基部淺藍

肩羽栗色

▲ 成鳥♂

相關種類及分布

　　台灣特有亞種。

　　本種共有2個亞種，台灣特有亞種*formosae*也是指名亞種，僅分布於本島、綠島及蘭嶼。另一為分布於菲律賓北部的呂宋亞種*filipinus*，其腹部淡黃轉白色，肩羽栗色延伸至背部大範圍。

　　本種曾被視為與琉球綠鳩（*T. permagnus*）同種，但因為二者外形有顯著差異（台灣亞種雄鳥頭部橙紅vs.琉球綠鳩雄鳥頭部綠色；台灣亞種尾羽較短），現在各自被視為單一種。近緣種除了琉球綠鳩外，尚有分布於日本、琉球、華南、台灣的綠鳩（*T. sieboldii*）等。

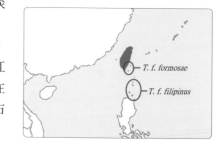

- *T. f. formosae*
- *T. f. filipinus*

科名 鳩鴿科 Columbidae	學名 *Treron formosae formosae*
英名 Whistling Green-Pigeon, Taiwan Green-Pigeon	同種異名 無

雌鳥全身暗綠色

外形特徵

雄鳥全身大致為綠色,虹膜紅色,帶紫黑色內圈,眼圈藍色,喙基部淺藍,喙尖轉白色。頭頂橙黃色,後頸灰綠色,喉至胸部黃綠色,肩羽栗色。尾羽暗綠色,除中央尾羽外,所有尾羽內側有寬的黑色羽緣。跗蹠紅色。雌鳥全身暗綠色,頭部、前頸至胸部不帶橙黃色,肩羽無栗色。

本種外形容易與綠鳩(或稱紅翅綠鳩)混淆,以雄鳥來說,紅頭綠鳩的前額黃橄欖綠,腹部大面積為綠色;綠鳩的前額為亮黃綠,胸部偏黃,腹部淺綠偏白。

生態習性

棲息於中海拔以下山區闊葉林,都會公園也可能看到。少數出現在台灣南部的族群,有可能是度冬族群。

食性以果實、種子或嫩葉等植物為主食。

繁殖期5至8月,求偶時,雄鳥發出長而連續的「呼～呼呼」鳴唱聲。以樹枝築巢於濃密的大樹上,每窩產2顆蛋,雛鳥孵化期15至17天,雌雄共同育雛,約半個月離巢。

▲ 成鳥♀

背部栗色

▲ 呂宋亞種

保育狀況 ⑩ 保育類II

台灣的紅頭綠鳩是稀有種,蘭嶼、屏東、台南較常見,目前僅蘭嶼地區尚存較穩定之族群。國內保育類野生動物第二級——珍貴稀有保育類野生動物。

台灣夜鷹（南亞夜鷹、疏林夜鷹）

喙甚寬闊，基部有剛毛。

喉部左右對稱兩塊白斑

背面大致灰褐色，具黑褐、黃褐色斑紋。

蛋粉紅色

相關種類及分布

　　台灣特有亞種。

　　本種分為10個亞種。分布於整個東洋區，包括印度、巴基斯坦、東南亞、華南、台灣、菲律賓、印尼群島。*stictomus* 為台灣特有亞種，鄰近亞種為分布於大陸東南、北越的華南亞種*amoyensis*。另一種分布於東北亞、內蒙、南至大陸廣西、雲南、甘肅的普通夜鷹（*Caprimulgus indicus*，又稱日本夜鷹、叢林夜鷹）為季節性遷移鳥類，在台灣有零星紀錄，其體型較台灣夜鷹大，體色較深，雄鳥尾羽及翼部斑塊較台灣夜鷹小。

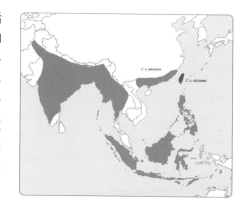

科名 夜鷹科 Caprimulgidae	學名 *Caprimulgus affinis stictomus*
英名 Savanna Nightjar	同種異名 無

▲ 台灣夜鷹飛行♂

▲ 普通夜鶯

外形特徵

　　雄鳥體型略大於雌鳥。全身大致為灰褐色，虹膜褐色。喙紅褐色，喙尖端黑色，張開喙裂可至眼下後端，喙甚寬闊，基部有剛毛。背面大致灰褐色，具黑褐、黃褐色斑紋，為良好保護色。雄鳥特徵為外側尾羽白色，喉部左右對稱兩塊白斑，初級飛羽第 6 至 9 顆有明顯白色斑塊（雌鳥為黃褐色），跗蹠暗紅色。雌鳥體羽大致灰褐色，喉部白斑不明顯，尾羽無白斑。休息時眼微閉，黃色眼圈呈線形。

生態習性

　　白天棲息於河川中下游砂石混雜的寬闊河床、接近河床的泥石裸地、人車稀少的道路上、機場、大型工業區、大型工地或校園內人少的地面等。近年越來越多個體十分適應在城鎮內的建築物屋頂棲息並繁殖。夜行性，於薄暮時開始活動，邊飛邊獵食昆蟲，常為城市燈光所吸引。

　　食性以空中飛行的各種昆蟲為食，主要為鱗翅目、鞘翅目、直翅目等類。

　　繁殖期為 3 至 7 月，直接下蛋於河床沙質地或建築物樓頂地板，窩蛋數 2 顆，蛋殼肉紅色雜有鏽色斑點。雌鳥負責大部分的孵蛋工作，雄鳥負責供食。雛鳥孵化不久就有活動能力。

保育狀況 🄻🄲

普遍留鳥。台灣夜鷹在台灣非保育類。

灰喉針尾雨燕

尾下覆羽白色

背及腰為灰白色至
黑褐色的漸層

喉灰白色

相關種類及分布

　　台灣特有亞種。

　　本種共有3個亞種，主要分布於印度北部、東喜馬拉雅山區、中南半島、海南島，部分族群在馬來半島、蘇門答臘、爪哇等地度冬。台灣亞種 *formosanus* 過去被誤認為是屬於冬候鳥的白喉針尾雨燕（*H. caudacutus*）。鄰近亞種為分布於印度阿薩姆山區、中南半島及海南島的指名亞種 *cochinchinensis*，台灣亞種與其在外形上並無明顯差異，但因為與其有地理隔離，因此被認為是台灣特有亞種。

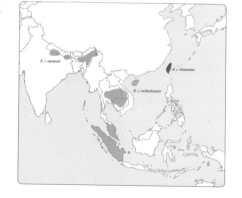

科名 雨燕科 Apodidae	學名 *Hirundapus cochinchinensis formosanus*
英名 Silver-backed Needletail	同種異名 無

外形特徵

　　雌雄外形相似。喙黑色，虹膜暗褐色。頭上、臉、後頸、雙翼、尾上覆羽及尾羽為黑色具藍色光澤，尾羽尖端突出。背及腰為灰白色至黑褐色的漸層，雙翼形狀狹長，喉灰白色，與胸及臉間無截然分界，胸及腹為黑褐色。尾下覆羽白色。跗蹠短且為紅褐色。

生態習性

　　主要棲息於中低海拔森林，但由於多半在空中掠食昆蟲，亦可能出現中高海拔山區空中。大多成群出現，有時會與其它種類的雨燕或燕子混群覓食。

　　食性以飛行性昆蟲為主食，於飛行中邊飛行邊捕食。

　　每年3至8月在台灣中低海拔山區的岩石峭壁上築巢繁殖，目前還沒有巢蛋的觀察紀錄。

▲ 白喉針尾雨燕

保育狀況 LC

灰喉針尾雨燕目前在全世界沒有明顯的生存壓力。屬一般類，非保育類鳥種。

小雨燕（家雨燕）

白色喉斑達下喉部、喙角及耳羽

白色的腰帶與周圍對比強烈

相關種類及分布

　　台灣特有亞種。

　　本種分為4個亞種。分布於南亞的尼泊爾、孟加拉、緬甸、中南半島、中國華南、日本南部、台灣、菲律賓、馬來西亞及印尼。台灣亞種*kuntzi*為特有亞種，鄰近亞種為分布於中國大陸南部、東南亞、菲律賓一帶的華南亞種*subfurcatus*，其體色較黑，腰部白色區無條紋，台灣亞種體色較稍淡。

科名	雨燕科 Apodidae	學名	*Apus nipalensis kuntzi*
英名	House Swift	同種異名	無

外形特徵

　　雌雄外形相似。成鳥的頭頂、枕、背為一致的黑色，新換羽色會有很窄的羽緣，前額、眼先及過眼線褐色，與黑色頭頂稍呈對比，眼周黑色，耳羽黑褐色至枕及頸側顏色轉深。白色的腰帶與周圍對比強烈，白腰上常可看到深色的矢狀縱紋。白色喉斑達下喉部、喙角及耳羽，喉部以下的腹面為深黑色。喉斑與胸部界線分明。尾下覆羽與腹部為同樣的深黑色。腹面新換羽毛帶有很窄的灰白色羽緣。尾羽黑褐色，張開時外側羽軸較中央尾羽顏色淡。幼鳥與成鳥的新換羽類似，但羽毛常帶有羽緣。

生態習性

　　常於海拔2,100公尺以下的都市、鄉村及農地上空活動，低海拔地區空中，偶爾出現於中高海拔山區。幾乎不停的飛翔，不論覓食、交配均於空中進行。夜晚才回到巢中棲息。常與燕科鳥類同時出現，但本種通常在較高的空中飛行。當空氣濕度增加就快要下雨時，空中的昆蟲飛得既低且密集，此時會出現雨燕群聚覓食的現象，彷彿預測快要下雨了，因而得到「雨燕」之名。足部短而無力，無法自地表直接起飛，僅能於夜間垂掛於岩壁、石壁、洞窟休息。飛行技巧甚佳，於空中張口捕食飛蟲。

　　繁殖季為3至6月，以泥土、羽毛、棉絮等材料，群聚築巢於橋樑底部、建築物及懸崖下。窩蛋數2至3顆。蛋白色無斑。孵蛋期為18至26天，幼鳥經36至51天長成離巢，每年可育兩窩。

▲ 華南亞種

保育狀況 🄛

小雨燕在台灣的分布普遍，數量很多，沒有明顯生存壓力。屬一般類，並未列名受威脅及保育鳥種。

灰胸秧雞（灰胸紋秧雞、長喙秧雞）

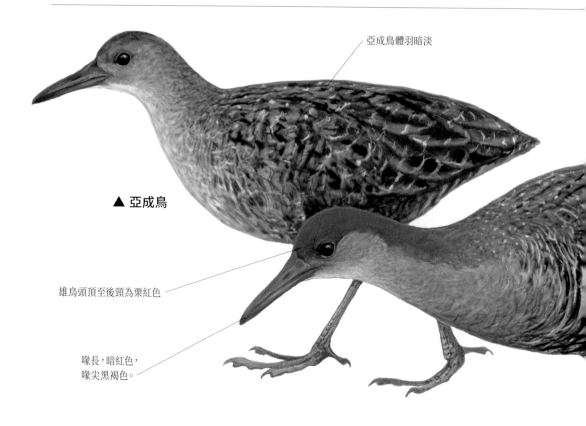

亞成鳥體羽暗淡

▲ 亞成鳥

雄鳥頭頂至後頸為栗紅色

喙長，暗紅色，
喙尖黑褐色。

▲ 成鳥♂

相關種類及分布

　　台灣特有亞種。

　　本種分為6個亞種，廣泛分布於印度、斯里蘭卡、緬甸、馬來西亞、印尼、婆羅洲、菲律賓、中國長江以南、海南島和台灣。各亞種在體型、體色皆有些微差異，鄰近亞種為分布於中國東南、海南島的海南亞種*jouyi*，此亞種體型最大；分布於婆羅洲、菲律賓、砂勞越的指名亞種*striatus*體色最深，台灣特有亞種*taiwanus*體色最淡。

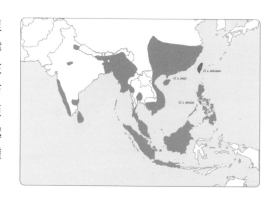

科名 秧雞科 Rallidae	學名 *Lewinia striata taiwanus*
英名 Slaty-breasted Rail	同種異名 無

外形特徵

雌雄外形相似，但雌鳥背部羽色較深，腹部白色範圍較大。喙長，暗紅色，喙尖黑褐色。雄鳥頭頂至後頸為栗紅色，喉白色，頰至胸及頸側為藍灰色，腹部以下為灰褐色，有白色橫斑，尾下覆羽白色。兩翼及尾羽具白色細紋，體背為灰褐色，密布著許多白色的細橫紋。跗蹠鉛灰色。

生態習性

棲息於低海拔各類型濕地，如沼澤地、水塘、湖岸、灌溉渠和海岸紅樹林。白天多隱藏在草叢中，晨昏才出現活動覓食，食性以螃蟹、螺類、昆蟲為主。善游泳和潛水，也可以在浮動的水生植物上行走。鳴叫聲是鮮明的「喀、喀、喀、喀」聲，初時弱，逐漸增強後又減弱。被驚嚇會突然飛起，但振翅幅度緩慢，飛行一小段距離便迅速鑽入掩蔽物躲藏。

跗蹠鉛灰色

▲ 海南亞種

保育狀況 ⓘ

保育等級屬一般類野生動物。

灰腳秧雞（灰跗蹠斑秧雞、白喉斑秧雞）

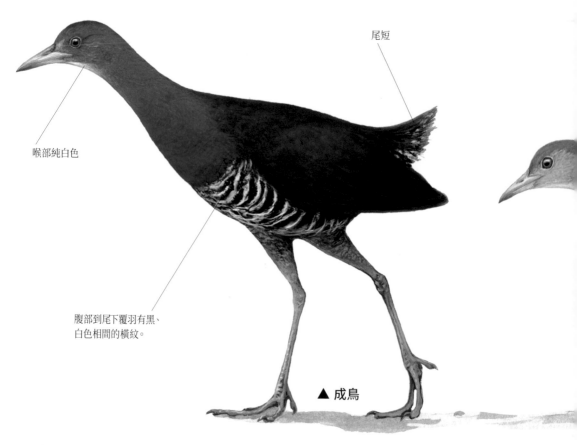

尾短

喉部純白色

腹部到尾下覆羽有黑、
白色相間的橫紋。

▲ 成鳥

相關種類及分布

　　台灣特有亞種。

　　本種有7個亞種，廣泛分布於琉球、台灣、菲律賓、南亞、東南亞，少數族群在南洋群島度冬。台灣特有亞種*formosana*除了台灣，蘭嶼也有分布。各亞種間在體型、體色上互有差異，以鄰近亞種而言，琉球亞種*sepiaria*體型最大；分布於菲律賓的指名亞種*eurizonoides*喉嚨淡棕色（台灣特有亞種喉嚨白色，體背稍暗）；棲息於菲律賓北部的巴丹亞種*alvarezi*體背最暗。

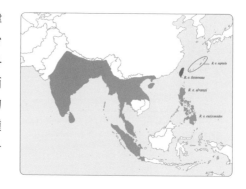

科名 秧雞科 Rallidae	學名 *Rallina eurizonoides formosana*
英名 Slaty-legged Crake	同種異名 無

外形特徵

　　雌雄外形相似。眼紅色，喙鉛灰色。頭、胸部為栗紅色，喉部純白色。體背及翼羽為暗褐色。尾短，下腹部到尾下覆羽有黑、白色相間的橫紋，黑色橫紋略寬。附蹠長，灰綠色。雛鳥全身毛茸烏黑，喙尖白點。

生態習性

　　棲息於海拔700公尺以下森林邊緣、灌叢、溪流岸邊低地，屬於森林性秧雞。性隱密，多以聲音來判別位置。

　　雜食性，以軟體動物、昆蟲或溼地植物為食，有時也在夜間覓食。初春求偶常徹夜鳴叫，築巢於灌叢、藤蔓之間，巢內用枯葉、雜草和細枝襯墊，一窩生4至8顆蛋，由雌雄雙方共同孵蛋育雛。雛鳥早熟性。

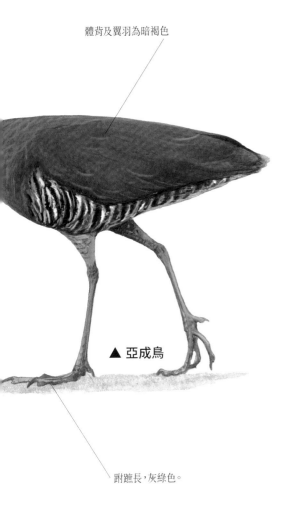

體背及翼羽為暗褐色

▲ 亞成鳥

附蹠長，灰綠色。

▲ 琉球亞種

保育狀況 Ⓛ

保育等級屬一般類野生動物。

棕三趾鶉（三趾鶉）

雌鳥體略大，頭黑色。

跗蹠灰色，僅三趾。

▲ 成鳥♂

腹部橙色，生殖季
轉橙紅。

▲ 成鳥♀

相關種類及分布

台灣特有亞種。

本種分為18個亞種，廣泛分布於歐、亞、非洲。
歐洲僅分布於西班牙南部；亞洲分布於巴基斯
坦、印度、中南半島、中國華南、海南島、台灣、菲
律賓、爪哇島及峇里島等地；非洲主要分布於撒
哈拉沙漠以南地區及地中海沿岸。所有亞種中，
只有台灣特有亞種*rostratus*的雌鳥有明顯的繁
殖季與非繁殖季羽色變化（非繁殖季羽色轉淺
淡）。鄰近亞種為分布於菲律賓呂宋島的*fasciatus*
及琉球群島的琉球亞種*okinavensis*。

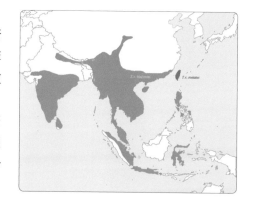

科名 三趾鶉科 Turnicidae	學名 *Turnix suscitator rostratus*
英名 Barred Buttonquail	同種異名 無

外形特徵

　　雌雄外形相異,雌鳥體略大,頭黑色,密布白色斑紋。虹膜白色,喙灰白色,頰、喉部至前胸黑色。雌鳥體赤褐,胸側乳黃色,密布黑白色橫斑,腹部橙色,生殖季轉橙紅,跗蹠灰色,僅三趾。雄鳥整體較為樸素,頭褐色,密布白色斑紋,頰及喉部白色。

生態習性

　　棲息於低海拔平原、丘陵、灌叢、蔗田或耕地。喜歡乾燥的環境,性羞怯,善於地面奔跑,很少飛行,被驚嚇會突然飛起,常飛一小段距離便隱入草叢。常見單獨或成對活動,有時可見雄鳥帶著幼鳥覓食。

　　雜食性,以昆蟲及草籽為主食,也吃軟體動物、果實及嫩芽。

　　4至7月為繁殖季,採一妻多夫制,雌鳥會脹大身體,發出低沉、持續的聲響以吸引雄鳥與其交配。交配後,雌鳥直接在地面下蛋,之後離去,由雄鳥獨力抱蛋育雛,雌鳥繼續對其他雄鳥求偶。雌鳥每窩產4顆蛋,蛋鉛灰色有深色斑點。一個生殖季,雌鳥大約可以生殖3至4窩蛋。雛鳥早熟性,孵化後即可隨雄鳥活動。

▲ 北菲律賓亞種*fasciatus*

鱗斑明顯

頭黑色

▲ 琉球亞種

保育狀況 🔵

保育等級屬一般類野生動物。

大冠鷲（蛇鷹、蛇鵰）

成鳥眼先、眼睛周圍和
虹膜為黃色。

尾羽黑褐色，
有一白色橫帶。

▲ 大冠鷲成鳥

相關種類及分布

　　台灣特有亞種。

　　廣泛分布於東洋區，從印度半島至中南半島、印尼、婆羅洲、中國東南以及台灣。許多棲息於島嶼的大冠鷲，大多是當地留鳥，因此在不同島嶼分化出的亞種都是該地特有亞種。目前共有22個亞種，亞種間在體型大小、羽色深淺、斑紋的分布均有差異，其中*hoya*僅分布於台灣，是台灣特有亞種。台灣亞種的體型較分布於印度、南亞的指名亞種*cheela*大，整體羽色較深，胸部沒有斑點。鄰近亞種為分布於華南的華南亞種*ricketti*以及分布於琉球群島南端石垣島、西表島、與那國島的琉球亞種*perplexus*。

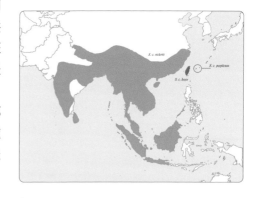

科名 鷹科 Accipitridae	學名 *Spilornis cheela hoya*
英名 Crested Serpent-Eagle	同種異名 無

外形特徵

雌雄外形相似。成鳥眼先、眼睛周圍和虹膜為黃色，喙鉛灰色，頭頂至後枕有黑白相間的冠羽，全身黑褐色，腹部、脛羽和尾下覆羽密布白色斑點，尾羽黑褐色，有一白色橫帶；飛行時，飛羽及尾羽各有一條明顯白色橫帶。亞成鳥和幼鳥的喙前端黑色，其餘鉛灰色，體色有暗色型與淡色型，暗色型大致似成鳥，但尾羽有2至3條黑白相間的橫帶；淺色型，頭部淺色，耳羽褐色，腹面淺乳黃色，胸部有褐色縱紋，尾羽也有2至3條深淺相間的橫帶。飛行時，飛羽及尾羽橫帶可用以辨別成鳥或亞成鳥。

生態習性

主要在低海拔山區活動，但以丘陵地最為常見。

肉食性，以蛇類、蜥蜴、小型嚙齒類、青蛙、蚯蚓、蟹類、鳥類等為食。

繁殖期2至5月，常可見其在天空中盤旋、鳴唱、求偶。一夫一妻制，通常選擇靠近溪流或河谷的大樹樹冠層築巢，以樹枝、細枝、綠葉為巢材，也有可能重複利用舊巢。每次產一顆蛋，純白色有稀疏雜斑，雌鳥獨力孵蛋，雄鳥供應食物，雛鳥從孵化後至離巢，為時將近3個月。

白色羽緣

▲ 大冠鷲亞成鳥

▲ 琉球亞種成鳥

保育狀況 LC 保育類II

屬國內保育類野生動物第二級——珍貴稀有保育類野生動物。

鳳頭蒼鷹（粉鳥鷹）

頭部暗灰色，有短羽冠。

成鳥虹膜黃色
或橙色

喉部白色，有粗黑色
喉中央線。

相關種類及分布

台灣特有亞種。

本種分為11個亞種，廣泛分布於
印度、東南亞、印尼、婆羅洲、菲律賓
南部、海南島和台灣。*formosae*為台
灣特有亞種，僅分布於台灣。鄰近亞
種為分布於印度至華南的普通亞種
indicus，與之相較，台灣的鳳頭蒼鷹
體型較小，羽色較深。

尾下覆羽白色且膨鬆

▲ 成鳥♂

科名 鷹科 Accipitridae	學名 *Accipiter trivirgatus formosae*
英名 Crested Goshawk	同種異名 無

▲ 亞成鳥

▲ 亞成鳥

▲ 成鳥♀

外形特徵

　　雌雄外形相似，但雌鳥體型大於雄鳥。成鳥虹膜黃色或橙色，喙黑色，蠟膜黃綠色，頭部暗灰色，有短羽冠，喉部白色，有粗黑色喉中央線，胸部有紅褐色縱斑，腹部與脛羽密布紅褐色橫紋，腹部橫紋較寬，脛羽橫紋較細，尾羽褐色，有4條暗色橫帶，尾下覆羽白色且膨鬆，雄鳥尤其明顯。跗蹠、爪都很粗壯，與雀鷹、日本松雀鷹和台灣松雀鷹相較，中趾相對較短。飛行時，白色尾下覆羽突出於尾羽兩側。幼鳥大致似成鳥，但是頭部淺褐色，臉部有淺色縱紋，背面顏色較淡，胸部有褐色縱斑，腹面淺米黃色有褐色心形斑。

生態習性

　　棲息於海拔2,500公尺以下山區，以低海拔丘陵較為常見，但也能適應開發的環境，只要有一定面積的樹林，食物來源充足，一般都會公園亦可生存。飛行時，常將雙翼下壓抖動。

　　肉食性，主要以鳥類為食，甚至台灣藍鵲、夜鷺等相似大小體型的鳥類，也捕食小型鼠類、蜥蜴、蛙類及昆蟲。

　　巢位選擇於樹冠層枝葉茂密處，以樹枝、綠葉為巢材，窩蛋數一般是2顆。常隱匿於樹冠層，再突然衝出的方式偷襲獵殺獵物。

保育狀況 LC 保育類Ⅱ

屬國內保育類野生動物第二級——珍貴稀有保育類野生動物。

松雀鷹（台灣松雀鷹、雀鷹）

雌鳥臉部、頭部暗褐色。

雄鳥臉部、頭部深灰色。

上胸有暗褐色縱紋

▲ 成鳥♀

▲ 成鳥♂

中央腳趾甚長

相關種類及分布

台灣特有亞種。

本種分為10個亞種，廣泛分布於印度南部、斯里蘭卡、泰國和寮國北部、喜馬拉雅山脈延伸至中國南部和華中、台灣、菲律賓、北婆羅洲、印尼西部和部分南洋群島。除了大陸亞種*affinis*有季節性遷移外，其餘大多棲息於島嶼，包括台灣特有亞種*fuscipectus*。各亞種間主要區別在於體型大小，通常島嶼種體型多比大陸種小，唯一例外的就是台灣特有亞種，是體型相對較大的，翼展也相對較長。鄰近亞種為分布於菲律賓北部的菲律賓亞種*confusus*等。

科名 鷹科 Accipitridae	學名 *Accipiter virgatus fuscipectus*
英名 Besra	同種異名 無

▲ 幼鳥

▲ 松雀鷹亞成鳥　　▲ 菲律賓亞種♂

外形特徵

本土留鳥猛禽中體型最小者。雌雄外形相似，但雌鳥體型較大，雄鳥臉部、頭部深灰色，雌鳥暗褐色。喙黑色，蠟膜黃色，虹膜橙黃色，老成則轉為橙紅。喉部具明顯的暗褐色喉中央線，背部和翼為暗褐色，上胸有暗褐色縱紋，胸側、腹部和脛羽密布褐色寬橫紋，跗蹠黃色，中趾特長。尾下覆羽白色，尾羽褐色，有四條深色橫帶。亞成鳥大致似成鳥，背面顏色較淡，胸部有褐色斑點，腹部為褐色心形斑。飛行時飛羽後緣呈圓突狀，停棲時，收合的翅膀末端位置約在尾羽1/3處。據觀察，松雀鷹腹面羽色斑紋有明顯的個體變異，雄成鳥的變異較雌鳥大。

生態習性

主要棲息於中海拔山區，對於人類墾植地較無法適應，且較少於空中翱翔，生性隱密，不易發現。

以鳥類為主食，也捕食小型鼠類、蜥蜴、蛙類及昆蟲。常單獨棲立於樹枝上，伺機捕食經過的獵物。領域性極強，會主動攻擊入侵者，直到其離去為止。

每年4至8月為繁殖期，選擇在高大濃密的樹冠層雌雄共同築巢，產2至4顆蛋，由雌鷹獨立孵蛋，雄鷹負責提供食物。幼雛孵化後約一個月離巢，離巢後仍由親鳥供應食物並練習獵食技巧。

保育狀況 **LC** 保育類II

屬國內保育類野生動物第二級——珍貴稀有保育類野生動物。

草鴞（東方草鴞、猴面鴞）

顏盤似心形或
蘋果剖面

顏盤邊緣有細黑紋
形成深色輪廓

相關種類及分布

台灣特有亞種。

本種共分為6個亞種，除指名亞種*longimembris*分布於非洲南部外，其餘均分布在南亞、東亞、東南亞至澳洲中部以北。台灣的亞種*pithecops*為特有亞種。鄰近亞種為分布於華南的華南亞種*chinensis*，其成鳥整體偏黃褐色，面盤暗棕色，胸部與體下紅棕色較濃，體型略小於台灣特有亞種。

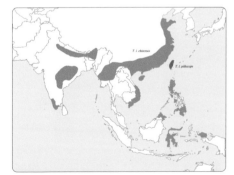

科名 草鴞科 Tytonidae	學名 *Tyto longimembris pithecops*
英名 Grass-Owl	同種異名 *Tyto capensis pithecops*

外形特徵

　　雌雄外形相似，但雌鳥體型比雄鳥大。臉部扁平，灰白色，顏盤似心形或蘋果剖面，邊緣有細黑紋形成深色輪廓。眼深褐色，眼先暗褐色，喙乳白色。無耳簇羽，頭頂、背面、翼上面大致為暗褐色，密布細小白色斑點。尾上覆羽白色。飛羽有黑色橫紋。腹面淺色，喉及胸部淡黃褐色，脛羽及翼下覆羽白色，有許多深褐色細圓斑。尾羽淺褐色，有數道黑色窄橫帶。跗蹠上段被羽，下段裸露有剛毛，趾黃色。未成鳥的臉部及腹面棕褐色，隨年齡增長逐漸轉白色。

生態習性

　　棲息於低海拔空曠草原環境。活動範圍大卻不固定，偏好小面積草生地、農耕地等多樣地景鑲嵌而成的環境。平時單獨活動，但在食物量豐富時，會成小群共域生活。

　　食性以鼠類為主食，包括鬼鼠、月鼠、小黃腹鼠、赤背條鼠等，也捕食野兔、蝙蝠、鳥類、蜥蜴、蛙類、昆蟲。

　　10至3月為繁殖期，在高莖草叢或灌叢地面營巢，巢周圍有一主要進出路徑。一窩產3至8顆白色無斑點的蛋，產蛋數與食物來源有正相關，孵化期約32天，幼鳥約1個多月離巢。

▲ 華南亞種

保育狀況 EN 保育類I

由於棲地消失、滅鼠藥、盜獵、數量稀少等因素，有滅絕的可能。國內野生動物保育法保育類第一級——瀕臨絕種保育類野生動物。

黃嘴角鴞 (台灣木葉鴞)

頭有明顯雙色耳簇羽

虹膜黃色

嘴淡黃色

相關種類及分布

　　台灣特有亞種。

　　共有8個亞種,分布於喜馬拉雅山區、中南半島、馬來半島、華南、台灣、蘇門答臘、婆羅洲。各亞種間羽色略有差異,與分布於尼泊爾、印度及緬甸的指名亞種*spilocephalus*相較,台灣特有亞種*hambroecki*無紅色型(多數角鴞體羽有雙色形態出現,例如蘭嶼角鴞就有紅色型)、面盤色彩較淡,腹面淡黃有較多細紋,後頸有明顯淡色頸圈,耳簇羽較長。鄰近亞種為分布於中南半島北部至中國東南部的華南亞種*latouchi*,其後頸圈不明顯、腹面色較深且有較多斑紋。相似種角鴞(或稱東方角鴞*Otus sunia*)在台灣為不普遍過境鳥,外形與黃嘴角鴞最大差異在於面盤色彩較深,喙黑色。

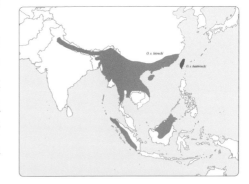

科名 鴟鴞科 Strigidae	學名 *Otus spilocephalus hambroecki*
英名 Mountain Scops-Owl	同種異名 無

白色頸圈明顯

外形特徵

雌雄外形相似。屬於小型貓頭鷹，體長和白頭翁差不多。虹膜黃色，喙淺黃綠，顏盤眼周棕色漸淺，密布細微橫斑，邊緣黑褐色。頭有明顯雙色耳簇羽，頭頂至後枕有黑色縱斑，後頸有一條淺黃色橫帶環繞。全身大致為褐色，背部赤褐，腹面淡灰，腹背均密布褐色蟲斑，胸部顏色略深。肩部及飛羽白斑明顯。跗蹠被羽，趾裸露淡色。

生態習性

棲息於中低海拔闊葉林或針闊葉混合林，甚至人類開墾過的次生林、果園或社區庭院周遭的樹叢皆有。性隱密，常可聽到如哨音般的「噓-噓…噓-噓…」叫聲，停棲時，偏好枝葉繁密的樹冠層內，不容易見到。夜行性，單獨活動。

食性以昆蟲為主，也捕食蜈蚣、壁虎、小型鳥類及鼠類。

繁殖期2至6月，領域性極強，但領域範圍似乎不大，雄鳥之間有時為了爭奪雌鳥會大打出手。在樹洞內產蛋，每窩產2至3顆，雛鳥孵化後，雌雄共同育雛。

▲ 角鴞

保育狀況 ⒧Ⓒ 保育類II

普遍留鳥，整體族群並無明顯受威脅。保育類野生動物名錄屬第二級──珍貴稀有保育類野生動物。

領角鴞 (貓頭鷹)

顏盤灰色，有暗褐色細紋。

背部灰褐色，具黑褐色
蟲蠹狀細斑。

跗蹠被羽

相關種類及分布

台灣特有亞種。

本種將近有20個亞種，從印度、東南亞至東北亞都有分布，各亞種難以由外形區別。鄰近亞種為分布於中國中南部及越南北部的華南亞種*erythrocampe*體色偏褐色，台灣特有亞種*glabripes*體色偏灰，分布於海南島的海南亞種*umbratilis*體色較淡，分布於沖繩的沖繩亞種*pryeri*眼睛橙紅色。

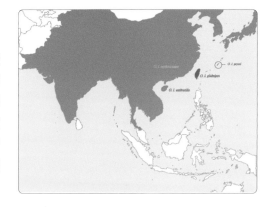

科名	鴟鴞科 Strigidae	學名	*Otus lettia glabripes*
英名	Collared Scops-Owl	同種異名	*Otus bakkamoena glabripes, Otus lempiji glabripes*

眼睛橙紅色

▲ 沖繩亞種

外形特徵

雌雄外形相似。體型略比黃嘴角鴞大，約25公分。顏盤灰色，有暗褐色細紋，顏盤邊緣黑褐色，前額及眉斑灰白色。虹膜暗紅，眼圈粉紅色。喙鉛灰色，頭有顯眼耳簇羽。背部灰褐色，具黑褐色蟲蠹狀細斑。腹面黃褐色，綴有黑褐色的蟲蠹斑。初級飛羽具棕白色橫斑。喙灰黑色，基部稍黃。跗蹠被羽，趾裸露黃褐色。

生態習性

棲息於全島低海拔丘陵，非常適應人類開發過的破碎殘林，而且能居住於大都市內，在許多都市公園或校園都曾發現，是台灣最常被發現的貓頭鷹。夜間常於路燈旁樹上捕食趨光之昆蟲。

肉食性，食物包括小型鳥類、昆蟲、蛙類、鼠類、蜥蜴等，亦曾有捕食黃嘴角鴞的紀錄。

繁殖期2至6月，築巢於樹洞、巢箱或大樹樹幹裂縫中，窩蛋數2至4顆，孵化期約25至27天。幼鳥還不會飛就離巢，在巢外由親鳥繼續餵食養育，但幼鳥落巢而被人拾獲的例子極多。

保育狀況 LC 保育類II

普遍留鳥，整體族群並無明顯受威脅。保育類野生動物名錄屬第二級——珍貴稀有保育類野生動物。

角羽赤褐色

蘭嶼角鴞 (優雅角鴞)

虹膜深黃色

翼暗褐色

尾羽短小,有
淺褐色橫斑。

相關種類及分布

　　台灣特有亞種。

　　本種分為4個亞種,僅分布於亞洲東緣琉球群島至菲律賓呂宋島間的小島上,其中 *botelensis* 為蘭嶼特有亞種,綠島或台灣本島未曾有過紀錄。鄰近亞種為分布於琉球群島的指名亞種 *elegans*、分布於大東島的大東亞種 *interpositus* 以及分布於巴丹群島的巴丹亞種 *calayensis*。蘭嶼角鴞體羽較指名亞種深,也有較多的斑紋。大東亞種是所有亞種中體型最小者,顏盤灰色。巴丹亞種體色偏紅。

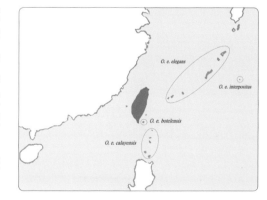

科名 鴟鴞科 Strigidae	學名 *Otus elegans botelensis*
英名 Ryukyu Scops-Owl	同種異名 無

外形特徵

　　雌雄外形相似。顏盤褐色,虹膜深黃色,眼先灰白色。角羽赤褐色,喙橄欖灰色。全身大致暗褐色,胸腹黃褐色,具黑色縱斑,翼暗褐色。尾羽短小,暗褐色,有淺褐色橫斑。跗蹠密布羽毛,跗蹠爪呈橄欖灰色。少數個體羽色偏紅,或呈明顯的深紅褐色。

生態習性

　　棲息在蘭嶼島上的茂密樹林中,尤其喜歡有巨大老樹的成熟林,但也會到樹林外覓食。夜行性,白晝潛藏於森林中,到夜間才活動覓食,褐鷹鴞為其天敵。常發出「嘟嘟霧」叫聲,食性以昆蟲為主食。

　　繁殖期3至7月,繁殖期間有領域性,築巢於高大喬木之樹洞,窩蛋數2至4顆,孵蛋約30天,完全由雌鳥負責。雛鳥孵出後由雌雄親鳥共同照顧,約32天離巢,離巢後親鳥依然會提供食物數天至數星期之久,幼鳥才會離開巢區獨立。

▲ 巴丹亞種

保育狀況 NT 保育類II

IUCN瀕危等級為近危。屬國內保育類野生動物第二級——珍貴稀有保育類野生動物。

鵂鶹（領鵂鶹）

後頸有黃褐色頸圈，其上有
一對似眼睛的大黑斑。

相關種類及分布

台灣特有亞種。

本種分為4個亞種，分布於東洋區，自喜馬
拉雅山脈至華南、台灣、中南半島、馬來半
島、蘇門答臘、婆羅洲。鄰近亞種為分布於
喜馬拉雅山脈、華南、中南半島、馬來半島的
指名亞種*brodiei*，其羽色偏灰褐（亦有紅色
型）；台灣特有亞種*pardalotum*羽色偏紅褐，
白色腹部有雨滴縱斑。

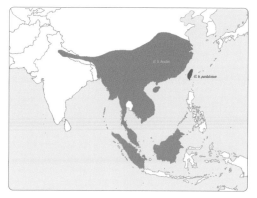

科名 鴟鴞科 Strigidae	學名 *Taenioptynx brodiei pardalotum*
英名 Collared Owlet	同種異名 無

台灣體型最小的貓頭鷹，
體長約15公分。

外形特徵

雌雄外形相似。台灣體型最小的貓頭鷹，體長約15公分。頭圓，無角羽，深褐色，密布黃白色細斑。顏盤不顯著，有白色眉線，虹膜黃色，喙黃綠色。後頸有黃褐色頸圈，其上有一對似眼睛的大黑斑。腹面白色，具黑褐色雨滴縱斑，尾下覆羽白色，趾黃綠色，覆有剛毛。鼻孔成管狀。

生態習性

低中海拔山區闊葉林或針闊葉混合林。除繁殖期外都是單獨活動，停棲於枝頭上，保護色佳，不易發現，常左右擺動著尾羽。白天亦活動頻繁，能在陽光下飛翔和覓食，晚上喜歡鳴叫。冬季有明顯的降遷行為。

以鳥為主食，以樹叢間活動的鳥群為獵捕對象。性勇猛，能捕抓體型與本身相仿甚至略大的鳥類，如五色鳥、白耳畫眉等。也捕食昆蟲、蜥蜴、蛙等多種小動物。

繁殖期為3至7月，築巢於樹洞和天然洞穴中，會利用啄木鳥或五色鳥的舊巢洞。窩蛋數3至5顆，孵化期25天。雌鳥負責孵蛋與餵雛，雄鳥負責供食，繁殖期間鴝鵂大部分是夜間活動。

保育狀況 VU 保育類II

屬國內保育類野生動物第二級──珍貴稀有保育類野生動物。

東方灰林鴞（灰林鴞、山階氏木鴞）

頭圓，無耳羽。

跗蹠至趾被羽

尾羽褐色，具數條棕色橫紋。

相關種類及分布

　　台灣特有亞種。

　　以前被認為是灰林鴞（*Strix aluco*）的一個亞種，然而因為鳴唱、體色、尾羽長短及斑紋均異於灰林鴞，所以被學者提出而成為獨立種。本種有3個亞種，主要分布於北印度、喜馬拉雅山脈、華中、朝鮮半島、華南、東南亞及台灣。分布於台灣的*yamadae*是特有亞種，也是該種唯一在島嶼有固定族群者。鄰近亞種為分布於喜馬拉雅、華中至東南亞等地的指名亞種*nivicolum*，其體型略大於台灣特有亞種。

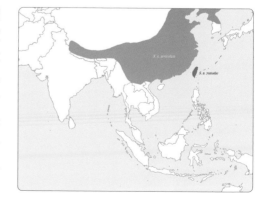

科名 鴟鴞科 Strigidae	學名 *Strix nivicolum yamadae*
英名 Tawny Owl, Himalayan Owl, Chinese Tawny Owl	同種異名 *Strix nivicola yamadae*

顏盤褐色,邊緣黑褐色。

外形特徵

雌雄外形相似。頭圓,無耳羽。顏盤褐色,邊緣黑褐色,虹膜深褐色,喙黃色。頭至背部為暗褐色,具黃色斑點。腹部棕色,具黑色縱斑。尾羽褐色,具數條棕色橫紋。跗蹠至趾被羽。

生態習性

棲息於中高海拔之原始闊葉林或針闊葉混合林,多位於海拔1,800公尺以上的針闊葉混合林,顯見仍保有古北區鳥種對溫帶氣候的偏好。完全夜行性,夜間至森林間際邊緣覓食,尤其新中橫公路塔塔加地區的東方灰林鴞偏好至道路兩旁覓食,在夏季特別明顯,且偏好停棲在路旁的交通號誌頂端,推測是有利於搜尋路旁水溝內的鼠類。

食性以鼠類及鳥類為主食,以高海拔特有的台灣森鼠及高山白腹鼠為大宗,鳥類以燕雀目小鳥為主,曾有捕食黃嘴角鴞與鵂鶹的紀錄。

繁殖期2至4月,採一夫一妻制,終年維護領域。築巢於樹洞中,由雌鳥孵蛋。窩蛋數3至5顆,雛鳥約28天離巢。

保育狀況 NT 保育類II

屬國內保育類野生動物第二級——珍貴稀有保育類野生動物。

五色鳥（台灣擬啄木、花和尚）

頭部則有紅、藍、黃、黑、綠等色彩。

全身為鮮豔的翠綠色

跗蹠與趾鉛灰色

相關種類及分布

台灣特有種。

原被認為是黑眉擬啄木（*Megalaima oorti*）的5個亞種之一，後來學者利用DNA鑑定技術，分析各亞種的遺傳物質，發現在遺傳基因、羽色及鳴唱聲音，都與國外其它地區的五色鳥有差異，判斷台灣族群應為特有種。近緣種為分布中國廣西的黑眉擬啄木廣西亞種*sini*及分布於海南島的海南亞種*faber*。五色鳥體型略小於黑眉擬啄木，頭頂亦無黑色羽毛。

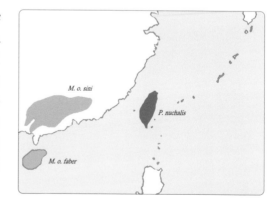

科名 鬚鴷科 Megalaimidae	學名 *Psilopogon nuchalis*
英名 Taiwan Barbet	同種異名 *Megalaima nuchalis*

外形特徵

　　雌雄外形相似。全身為鮮豔的翠綠色，頭部則有紅、藍、黃、黑、綠等色彩，眼睛的周圍呈黑色，額、腮及上喉部是金黃色，下喉、頸側及後頸為藍色，胸部則有一紅斑，胸以下鮮黃綠色。跗蹠與趾鉛灰色。

生態習性

　　棲息於中低海拔山區闊葉林裡或公園，單獨活動於樹的中上層。叫聲似敲木魚，及葷素不忌的食性，使牠有花和尚之稱。以其絕佳綠色保護色隱密於樹林中，甚難發現，當停棲電線或枯木時，為最佳觀察時機。

　　食性以野果、水果及少量的昆蟲等為食。

　　繁殖期為4至8月，於樹幹上鑿洞築巢，樹木以枯樹所占的比例較高，為森林中的一級洞巢者。窩蛋數3顆，蛋略呈橢圓形，白色有光澤。雌雄鳥輪流孵蛋。雛鳥13至15天孵出。雛鳥孵出後由親鳥共同負責育雛，幼雛需要約23至29天離巢。

▲ 黑眉擬啄木廣西亞種

保育狀況 🄻🄲

在台灣十分普遍，並無嚴重的生存威脅。在台灣並非保育類，國際上亦無特別的保育措施。

大赤啄木

雌鳥頭頂至後頸為黑色

雄鳥額部至頭頂紅色

飛羽有白色斑點

▲ 成鳥♀

下腹至尾下覆羽紅色

▲ 成鳥♂

相關種類及分布

　　台灣特有亞種。

　　本種分12個亞種，廣泛分布於中歐、東歐、西伯利亞南部、中國東北、朝鮮半島、庫頁島、日本、喜馬拉雅山區、中國四川及福建山區、台灣。台灣特有亞種*insularis*是所有亞種中分布最南、體型最小的亞種。鄰近亞種為分布於中國福建的福建亞種*fohkiensis*。

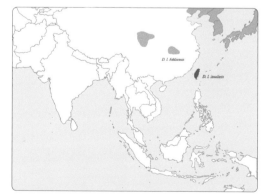

科名 啄木鳥科 Picidae	學名 *Dendrocopos leucotos insularis*
英名 White-backed Woodpecker	同種異名 無

▲ 大赤啄木福建亞種

外形特徵

　　雌雄鳥的羽色略有不同,雄鳥額部至頭頂紅色,頰及喉部乳白色,虹膜褐色,喙灰黑色,有黑色顎線。後頸、背部黑色,飛羽有白色斑點。胸、腹部污白色,有黑色縱斑,下腹至尾下覆羽紅色,跗蹠灰色。雌雄羽色接近,雌鳥頭頂至後頸為黑色,並非紅色,其餘部分與雄鳥相同。

生態習性

　　棲息於1,000至2,800公尺之間中高海拔原始闊葉林或針闊葉混合林。喜歡攀爬在樹幹或枯枝上,搜尋樹皮縫或腐木中之昆蟲,用喙快速敲啄,然後發出響亮的啄木聲「叩叩叩叩～」,所以尋找大赤啄木較容易的方法就是聽其啄木聲。多單獨或成對活動,常於樹梢枝頭間作短距離的飛行,飛行時速度並不快,呈波浪狀前進。

　　食性以藏身於樹幹的昆蟲為主食。

　　繁殖季為4月至8月。鑿樹洞為巢,每窩產蛋3至5顆,雌雄鳥共同孵育14至16天。夜間主要由雄鳥孵蛋。雛鳥孵化後27至28天才會離巢,由雌雄鳥共同照顧。

保育狀況 NT 保育類II

屬國內保育類野生動物第二級——珍貴稀有保育類野生動物。

朱鸝

雄鳥頭、頸、上胸及翼為黑色，
其餘部分皆為鮮朱紅色。

雌鳥的羽色類似雄鳥，但胸及
腹雜有白色羽毛及黑色縱斑。

▲ 成鳥♀

▲ 成鳥♂

相關種類及分布

　　台灣特有亞種。

　　本種分4個亞種，分布於喜馬拉雅山區、中南半
島、中國西南及台灣。分布於台灣的亞種*ardens*是
台灣特有亞種。鄰近亞種為分布於喜馬拉雅山區、
緬甸、華南、泰國北部、越南的指名亞種*traillii*及
分布於華南的華南亞種*robinsoni*，台灣特有亞種在
外形上最為鮮艷，指名亞種羽色偏暗。

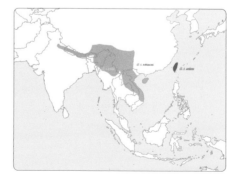

科名 黃鸝科 Oriolidae	學名 *Oriolus traillii ardens*
英名 Maroon Oriole	同種異名 無

外形特徵

　　雌雄外形相異。雄鳥喙鉛色,虹膜淡黃色,頭、頸、上胸及翼為黑色,其餘部分皆為鮮朱紅色。跗蹠鉛色。雌鳥的羽色類似雄鳥,但胸及腹雜有白色羽毛及黑色縱斑。亞成鳥的頭、頸、上胸及翼為暗褐色,背、尾羽及尾下覆羽暗紅色,胸至腹部污白色,雜有暗褐色縱斑。

生態習性

　　主要棲息於海拔300至1,000公尺之間的闊葉樹林,數量稀少,而且分布並不普遍,以東部的族群較大。大多單獨出現。

　　食性以昆蟲為主食,也取食漿果及果實。

　　繁殖期為4月至6月,築巢於離地約10公尺的樹枝上。巢形如碗狀,由雌鳥負責築巢及孵蛋,雄鳥則負責警戒。雛鳥孵出後由雌雄親鳥共同育雛。

指名亞種羽色偏暗

▲ 指名亞種

保育狀況 LC 保育類II

朱鸝目前在台灣的數量並不多,而且分布狀況破碎不連續,主要生存威脅來自棲地過度開發。屬國內保育類野生動物第二級──珍貴稀有保育類野生動物。

大卷尾 (黑卷尾)

喙基部有剛毛

全身烏黑帶有光澤

相關種類及分布

　　台灣特有亞種。

　　本種分為7個亞種，分布於伊朗東南部、阿富汗、巴基斯坦、印度、斯里蘭卡、緬甸、中南半島、中國東北及華北以南、台灣、爪哇、峇里島。台灣特有亞種*harterti*與福建亞種*cathoecus*兩者形態甚相似，惟台灣亞種的尾羽較福建亞種的尾羽短。

尾甚長，末端較寬、分岔且略上翹。

科名 卷尾科 Dicruridae		**學名** *Dicrurus macrocercus harterti*	
英名 Black Drongo		**同種異名** 無	

外形特徵

雌雄外形相似。全身烏黑帶有光澤。尾甚長，末端較寬、分岔且略上翹。虹膜紅色。喙黑色，粗厚強健，上喙尖端略下彎，喙基部有剛毛。跗蹠黑色。亞成鳥羽色大致似成鳥，但腹面略帶灰色，有不規則之白色斑紋。翼下覆羽有白斑，尾下覆羽有白橫斑。尾羽長，末端較寬，略向上翻捲，且呈深叉狀。腳黑色。

生態習性

棲息於平原農地、丘陵及低海拔山地中較高度開發的地區。亦常於剛犁過之農地上啄食。生性凶猛且飛行能力強，常攻擊空中飛過的猛禽。性不畏人，總是生活於人類環境附近，近年日益適應城鎮，許多個體終年生活於大都市內的公園綠地周遭。

食性以大型昆蟲為主食，尤其是單飛於空中的蚱蜢、蝶蛾、蜻蜓、蟬、蜂類、甲蟲、飛蟻等，也偶爾捕抓小鳥、小鼠、蜥蜴，其中小鳥常為剛離巢不善飛的幼鳥，有紀錄的有綠繡眼、麻雀、斑文鳥等。

於4至7月間繁殖。營樹巢，以芒草及禾本科細梗築很小的碗狀巢，基部部分包覆基座，樹枝或電線等，以求穩固。窩蛋數以3顆最常見，蛋為淡乳紅色，具褐色斑，約需15至16天孵化，育雛期約 28天。雌雄鳥共同育雛，輪流守衛與外出覓食。

▲ 福建亞種

保育狀況 ⓛⓒ

大卷尾的分布非常普遍，國際上並無特別的保育措施。大卷尾在台灣並無受威脅或相關的保育問題，未被列入保育類鳥種名錄中。

小卷尾

全身黑色而有藍綠色光澤

相關種類及分布

　　台灣特有亞種。

　　本種分為3個亞種，分布於印度、喜馬拉雅、緬甸、中南半島、華南、台灣、馬來半島、蘇門答臘、婆羅洲。台灣特有亞種 *braunianus* 體型較華南亞種 *aeneus* 大。

尾羽分岔

科名 卷尾科 Dicruridae	學名 *Dicrurus aeneus braunianus*
英名 Bronzed Drongo	同種異名 無

外形特徵

雌雄外形相似。虹膜紅褐色,喙黑色;全身黑色而有藍綠色光澤。初級飛羽羽緣及腹部以下羽色略淡。尾羽長,末端較寬,分岔;跗蹠黑色。

生態習性

棲息於海拔100至2,300公尺,人為開發少、林相茂密的森林,與大卷尾的棲地正好呈明顯的隔離,但兩者在淺山地帶偶爾會同時出現。會與其它活動於樹冠層的山鳥,尤其是灰喉山椒鳥形成共棲鳥群,隨著鳥群移動與覓食。飛行呈波浪狀,轉彎靈活,會主動攻擊接近的猛禽及巨喙鴉,為其它混群的山鳥提供保護。非常喧鬧。

食性以飛行於森林間隙中上層、體型稍大的昆蟲為主食,包括蜂類、蟬類、蝶蛾、甲蟲等。

繁殖期為4至6月,築巢於樹林上層,以芒草或禾草纖維為材,築成碗形巢,窩蛋數 4 顆。雌雄親鳥共同育雛,育雛期間親鳥皆在巢位近處守衛並就近獵食。

跗蹠黑色

▲ 華南亞種

保育狀況 🔵

普遍留鳥。未被列入保育類鳥種名錄中。

黑枕藍鶲（黑枕王鶲）

雄鳥頭後有一個黑色區塊

雌鳥頭後沒有黑色區塊

背部、翼及尾羽棕色。

跗蹠與趾藍色

▲ 台灣特有亞種

相關種類及分布

　台灣特有亞種。

　本種共有25個亞種，廣泛分布在印度、斯里蘭卡，東至印尼、菲律賓，尤其是東南亞許多島嶼，都有各自亞種存在。鄰近亞種為分布於印度至中國南部及越南的華南亞種*styani*，其頭後黑斑及喉胸黑色環斑較台灣特有亞種*oberholseri*明顯。

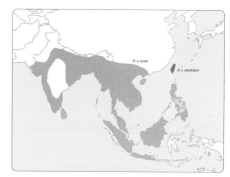

科名 王鶲科 Monarchidae	學名 *Hypothymis azurea oberholseri*
英名 Black-naped Monarch	同種異名 無

外形特徵

雌雄外形相異。雄鳥身體背面及胸腹部都是天藍色，上喙基部、頭後各有一個黑色區塊，胸前有一條新月形的黑色窄帶。背部顏色較深，飛羽與尾羽黑色有深藍色邊緣，腹部及尾下覆羽白色。體側接近藍色。喙藍色，邊緣及喙尖黑色。跗蹠與趾藍色。雌鳥背部、翼及尾羽棕色，頭後及胸前沒有黑色，頭及胸部的天藍色較黯淡。

生態習性

分布於低海拔有樹木的郊區或樹林邊緣。領域性強，全年維持固定的領域，喜於密林藤蔓糾葛之林內活動，喜與其他種鳥混群共同覓食。會在空中定點飛行啄食枝葉上的小蟲，飛擊飛過棲枝的昆蟲再回到同一停棲點等待，偶爾也會覓啄葉片間隱藏的小蟲。

食性以昆蟲為主食。

繁殖期為4至7月，巢築在樹枝分岔的地方，可能位於樹冠層中，也可能在灌叢裡。外層是樹葉與苔蘚等用蜘蛛絲纏繞築成，內部是撕成細條的草葉。窩蛋數2至4顆，孵化期為14天，再10天，雛鳥離巢。

喉胸黑色環斑較
台灣特有亞種明顯

▲ 華南亞種

保育狀況

黑枕藍鶲在台灣的數量還算普遍，並無嚴重的生存威脅，未列名於野生動物保育法的保育類鳥種名錄。

棕背伯勞

額至眼後黑色，似戴眼罩。

肩羽、下背至尾上覆羽橙色。

相關種類及分布

　台灣特有亞種。

　本種分為10亞種，廣泛分布於中亞、印度、東南亞、華東、華南、印尼群島。台灣特有亞種*formosae*分布於全島平原，東部及恆春半島尤多，北部數量稀少。鄰近亞種為分布於華南的指名亞種*schach*，二者外形相似，但台灣亞種腹部較白，僅脇及尾下覆羽為淡棕色，指名亞種有黑色型存在，台灣亞種則無。

科名 伯勞科 Laniidae	學名 *Lanius schach formosae*
英名 Long-tailed Shrike	同種異名 無

外形特徵

　　雌雄外形相似。頭頂及上背灰色，額至眼後黑色，似戴眼罩。眼黑色。肩羽、下背至尾上覆羽橙色。翼及尾羽黑色，翼有一白斑，飛行時更明顯。喉及胸部白色，脇、腹部及尾下覆羽橙色。喙黑色，尖端下鉤。跗蹠黑色。幼鳥背面大致是灰褐色至棕褐色，腹面白色，體側淺黃褐色而有許多褐色橫紋。

指名亞種有黑色型存在

▲ 指名亞種黑色型

生態習性

　　棲於平原農地、開闊的荒地，喜停棲於空曠地上的植被高處、枝頭或電線上。性情兇猛，非繁殖期單獨生活，有固定的領域，領域性強，會驅逐同類。會將捕獲或吃剩的食物插在樹枝或鐵絲網的刺上，以往認為是儲食行為，但實則可能是為了方便撕裂食物進食。通常會發出粗啞大聲的「加、加、加、加、加」警戒聲，常會模仿其他鳥類鳴唱聲，維妙維肖。

　　肉食性，食性很廣，獵食多種小動物，以大型昆蟲如蚱蜢、甲蟲等最常見，也捕食蜥蜴、蛙、小鼠、小鳥。具有如猛禽般的鉤喙與銳爪，定點停棲於高處俯視地面守候，俯衝以爪捕抓獵物。以獵食地面的小動物為主，與性情同樣兇猛的大卷尾有所區隔，故兩者可共域相安無事。

　　繁殖期為4至7月，雌雄鳥共同築巢於樹上，巢為碗狀，由細枝、枯葉等構成。窩蛋數4至5顆，孵蛋期為14至16天，幼鳥於15至17天離巢，會在巢區附近停留1至2個月。

保育狀況 🔟

棕背伯勞在台灣為普遍的留鳥，並無受威脅或相關的保育問題，未被列入保育類鳥種名錄中。

松鴉（橿鳥）

上喙基部有黑色羽毛

前額有黑斑，粗黑的顎線從下喙基往後延伸。

翼上覆羽帶有白、藍、黑三色相間的橫紋。

相關種類及分布

台灣特有亞種。

本種分為35個亞種，廣泛分布於歐亞大陸。台灣特有亞種*taivanus*外形與分布於喜馬拉雅山區的尼泊爾亞種*bispecularis*及西藏亞種*interstinctus*非常相似，然台灣特有亞種的最大特色是上喙基部有黑色羽毛。

科名 鴉科 Corvidae	學名 *Garrulus glandarius taivanus*
英名 Eurasian Jay	同種異名 無

外形特徵

　　雌雄外形相似。全身大致淡紅棕色，虹膜淺褐色，前額有黑斑，粗黑的顎線從下喙基往後延伸，飛羽及尾羽黑色，翼上覆羽帶有白、藍、黑三色相間的橫紋，腰及尾下覆羽白色，喙鉛黑色，跗蹠肉色。額、顎線黑色，喙灰色。頭、背、腹部淡褐色。翼黑色，有白、淡藍、黑等色相間之橫斑。尾上、尾下覆羽白色，尾羽黑色，基部有灰藍色橫斑。

生態習性

　　棲息於中高海拔原始闊葉林及針闊葉混合林。常單獨活動，有時成群出現。喜歡在殼斗科的樹上枝葉濃密的部分活動覓食。冬季會降遷到比較低海拔的地區度冬。性喧鬧，擅於模仿其他種鳥的叫聲，如熊鷹、大冠鷲、黃胸藪鶥等，常讓賞鳥者啼笑皆非。會儲食於樹洞、樹皮縫隙。

　　雜食性，以果實、小鳥、種子等為主，松鴉是極少數會吃橡實的鳥類，會先用雙跗蹠夾住殼斗，再以堅硬的喙鑿開殼斗的果殼，取食殼斗內的種子。

　　繁殖於4至6月間，築巢於高樹，以樹枝、樹根或苔蘚築成碗狀巢。窩蛋數4至8顆，孵化期16至19天，育雛期17至23天，雌雄鳥會共同分擔築巢及育雛工作，但孵蛋由雌鳥單獨負責。

▲ 尼泊爾亞種

保育狀況 Ⓣ

在台灣屬一般類，未被列入野生動物保育法的保育類鳥種。

台灣藍鵲（長尾山娘、長尾陣）

喙為紅色

頭、頸、上胸為黑色。

背、翼、下胸、腹部及尾羽為藍色。

跗蹠紅色

尾羽甚長，約占全長三分之二。

尾下覆羽末端白色

相關種類及分布

台灣特有種。

全世界僅分布於台灣。外形與另一同屬不同種，分布於喜馬拉雅、中國中南部、海南島、中南半島等地的紅嘴藍鵲（又稱中國藍鵲*U. erythrorhyncha*）相似，辨識重點在於，紅嘴藍鵲眼睛虹彩為暗紅色，腹部白色，頭頂有白斑。

U. erythrorhyncha

Urocissa caerulea

科名 鴉科 Corvidae	學名 *Urocissa caerulea*
英名 Taiwan Blue-Magpie	同種異名 無

外形特徵

雌雄外形相似。虹膜黃色,喙為紅色,上喙前段近尖端處有缺刻。頭、頸、上胸為黑色。背、翼、下胸、腹部及尾羽為藍色。喙、跗蹠紅色,尾上覆羽末端黑色,尾羽甚長,約占全長三分之二,末端白色,除中央2根外,其他尾羽中段黑色,尾下覆羽末端白色。亞成鳥體色較成鳥淡。

▲ 紅嘴藍鵲

生態習性

棲息於1,200公尺以下低海拔闊葉林或次生林,也可在近郊社區、果園或路旁見其成群活動,常發出鴉科鳥類慣有的沙啞叫聲,有時一隻接著一隻呈縱陣直線飛翔,故有長尾陣之說。

食性廣泛,蛇、蜥蜴、鳥、昆蟲、植物果實,甚至廚餘剩飯都是牠們取食的目標。有時候亦將吃剩的食物貯藏在枝椏間或地面泥土、岩縫中,一段時間後才把剩餘的食物吃掉。

每年於3至5月間繁殖,多築巢於樹林及雜草交會地帶之樹梢,巢為碗狀,以小樹枝、細藤和雜草構成,每巢通常下4至6顆橄欖綠帶濃褐色斑點的蛋,孵化期17至19天,雛鳥約21至24天離巢。台灣藍鵲具有強烈的護巢行為,對於侵犯者會毫不留情的攻擊,直到對方離開為止!孵蛋及育雛由親鳥及同群的其他成員共同參與,亦即前一季養育長大的子女,繼續留在巢邊協助父母養育下一代,此謂巢邊幫手制 (helper at the nest),這是鳥類生殖行為中少見的合作生殖之一,台灣其他鳥類如紅冠水雞、栗喉蜂虎以及冠羽畫眉也有合作生殖行為。

保育狀況 LC 保育類III

台灣藍鵲屬於公告保育類野生動物,雖然野外族群穩定不致瀕臨滅絕,但由於外來種紅嘴藍鵲的出現,有種間雜交現象發生,台灣藍鵲族群基因遭受污染不可小覷,必要嚴格監控外來種入侵。屬國內保育類野生動物第三級──其他應予保育之野生動物。

樹鵲（灰樹鵲）

中央尾羽基部灰色

相關種類及分布

　　台灣特有亞種。

　　本種分為8個亞種，廣泛分布於亞洲大陸的中部與南部。分布在喜馬拉雅山區、印度、緬甸等地四個亞種外形（西部種群），與分布於泰國、越南至中國的四個亞種（東部種群）稍有差異，西部種群的尾上覆羽至中央尾羽淡灰色（東部種群則為灰黑色），體羽白斑也相對較多。鄰近亞種為分布於華南至越南東北部的華南亞種sinica及分布於海南島的海南亞種insulae。台灣特有亞種formosae（也是指名亞種）中央尾羽基部灰色，別於鄰近亞種的全黑尾羽。

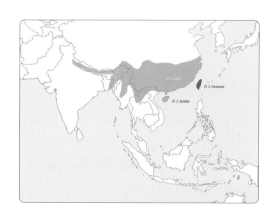

科名 鴉科 Corvidae	學名 *Dendrocitta formosae formosae*
英名 Gray Treepie	同種異名 無

外形特徵

　　雌雄外形相似。額黑色，頭頂至後頸鼠灰色。虹膜紅褐色，喙黑色，喙基灰色，喙型粗厚，略下彎。臉部、喉至上胸暗栗褐色。背部紅褐色，翼黑色，有白斑，腰、尾上覆羽灰色。下胸、脇灰褐色，腹部污白色，尾下覆羽橙褐色。尾長，黑色，基部灰黑色。跗蹠深灰色。

生態習性

　　棲息於1,500公尺以下的中低海拔次生林、闊葉林，及平地農田周圍的樹上。成小群於樹林上層活動，警覺性高，飛行時成波浪形，翼上白斑清晰易見。冬天常見其與台灣藍鵲混群活動。

　　雜食性，以漿果及大型昆蟲為食，亦會偷襲鳥巢攫取鳥蛋或幼雛，有時亦見其啄食將熟玉米。

　　每年4至6月為繁殖期，築巢在高樹上，雌雄鳥共同築巢，巢為淺盤狀，窩蛋數2至4顆。雌雄親鳥共同孵蛋、育雛。

全黑尾羽

▲ 海南亞種

保育狀況 🔵

本種在台灣屬一般類，未被列入野生動物保育法的保育類鳥種名錄。

星鴉

臉、後頸、背部及胸部密布
大型白色斑點。

飛羽深黑褐色

相關種類及分布

台灣特有亞種。

廣泛分布於歐洲及亞洲的針葉林與針闊
葉混合林，共有9個亞種，台灣為其分布的
南界。僅棲息於台灣高海拔山區。分布在喜
馬拉雅山區的東部、緬甸及中國中部的華中
亞種*macella*，與分布於日本等地的日本亞種
*japonica*是環繞台灣的鄰近亞種。在外形上，
日本亞種胸部白斑最多，且延伸至腹部，華中
亞種胸部白斑最少，台灣特有亞種*owstoni*則
介於其間。

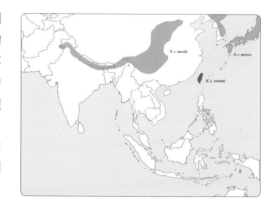

科名 鴉科 Corvidae	學名 *Nucifraga caryocatactes owstoni*
英名 Eurasian Nutcracker, Spotted Nutcracker	同種異名 無

外形特徵

雌雄外形相似。頭頂暗褐色，虹膜深褐色，喙黑色，身體其它部位褐色。飛羽深黑褐色。臉、後頸、背部及胸部密布大型白色斑點。尾上覆羽及尾下覆羽白色，尾深黑褐色，有白色羽緣。腳黑色。飛行時，尾羽外側末端、尾下覆羽白色甚為醒目。

生態習性

通常單獨或成小群在高海拔山區的針葉林中活動，主要出現在海拔2,200至3,500公尺間的森林中。冬季可能會降遷到海拔1,000公尺左右。族群數量不甚普遍。

食性以松、杉等針葉樹的種子以及昆蟲為食，有儲食的習性。

4至6月為繁殖期，築巢於大樹分枝處，巢成淺碗形，外面是粗枝，內部是細枝、苔蘚與草莖等。窩蛋數3至4顆，淡青色，散布細小的綠褐色斑點。

胸部白斑最多

▲ 日本亞種

保育狀況 🔵
在台灣屬一般類，未被列入野生動物保育法的保育類鳥種名錄。

煤山雀

頭部冠羽較長

羽冠下方至後頸中央白色

臉頰至頸側白色

相關種類及分布

台灣特有亞種。

本種共有21個亞種，分布遍及非洲北部、歐、亞大陸與附近海島。鄰近亞種為分布於庫頁島與日本的日本亞種*insularis*，以及分布於中國東南方的福建亞種*kuatunensis*。相較其他亞種，台灣特有亞種*ptilosus*體色較深，下體偏白，頭部冠羽較長（亞種中有的無冠）。

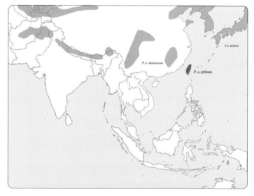

科名 山雀科 Paridae	學名 *Periparus ater ptilosus*
英名 Coal Tit	同種異名 無

外形特徵

雌雄外形相似，雄鳥喉頸部及頸側的黑色區塊比雌鳥大。頭部至頸部及胸部上方黑色，臉頰至頸側白色，有黑色羽冠，羽冠下方至後頸中央白色，喙細小，黑褐色。背部與肩部覆羽藍鉛灰色，翼及尾羽較淺的藍鉛灰色，中覆羽及大覆羽末端白色形成兩條細窄的翼帶。胸部下方黃白色，胸側帶有黑色，跗蹠及趾鉛灰色。

生態習性

棲息於中、高海拔山區之針葉林或針闊葉混合林，也會到低矮林木上覓食，擅長鳴唱，喜群棲，常與冠羽畫眉、青背山雀、山紅頭等混棲，耐寒，冬天不降遷或短距離降遷，為台灣山雀科鳥類海拔分布最高者。

食性以小型昆蟲、種子、果實等為主。

繁殖期為3至7月，築巢於樹的分岔、石縫或牆縫中，也會利用人工巢箱。台灣野外的自然繁殖狀況不明。

▲ 日本亞種

保育狀況 LC 保育類III

屬國內保育類野生動物第三級——其他應予保育之野生動物。

赤腹山雀

雙翼及尾羽均為鉛灰藍色

頭頂、後頸、下頦
及喉部黑色。

無翼帶，尾羽不帶白色。

身體腹面在胸部
以下深紅棕色

相關種類及分布

　　台灣特有種。

　　近年才被學者（Mckay等，2014）以羽毛色彩基因等多項評估條件，認為本種與分布於中國遼寧、韓國、日本群島等地的雜色山雀（*P. varius*）有很大的差異，因而將台灣的赤腹山雀提升為台灣特有種，全世界僅分布於台灣。台灣的赤腹山雀胸腹部深紅棕色，近緣種雜色山雀胸腹部中間漸白，另一種僅分布於離宜蘭外海不遠，屬日本西表島（Yaeyama Islands）的西表山雀（*P. olivaceus*），其臉頰、胸腹部為淡黃褐色。分布於日本伊豆島的伊豆山雀（*P. owstoni*）臉頰、胸腹部為深紅棕色，體型亦是最大的，而台灣的赤腹山雀是這四種山雀中體型最小的。

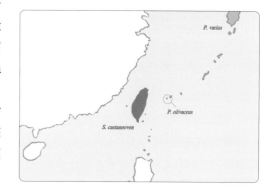

科名 山雀科 Paridae		**學名** *Sittiparus castaneoven*	
英名 Varied Tit		**同種異名** *Poecile varius*	

外形特徵

雌雄外形相似。前額、臉頰及頭後的中央線白色或淺肉色，頭頂、後頸、下頦及喉部黑色，虹膜褐色，身體背面除了頸後下方有一小塊紅棕色羽區外，其它地方包括雙翼及尾羽均為鉛灰藍色，身體腹面在胸部以下深紅棕色，尾下覆羽紅棕色。喙鉛黑色，跗蹠及趾暗鉛灰色。無翼帶，尾羽不帶白色。

生態習性

棲息於中低海拔山區，主要在稀疏闊葉林的中上層活動，也會在樹林邊緣或灌叢矮樹上覓食。台灣北部和中部山區闊葉林有較穩定的族群，冬季有降遷到低海拔的現象。台灣的山雀中，以本種海拔分布較低。春、夏季時，常成對或是一個家庭一起活動，但到了秋冬季時，會與山雀科和小型的畫眉科鳥類混群，有使用人工巢箱的記錄。

覓食時會飛啄空中飛蟲，或直接獵食葉子上的昆蟲與蜘蛛，也啄食果實。

通常維持一夫一妻制，2月至4月繁殖期，窩蛋數3至8顆，孵蛋期約12至14天，育雛期約17至21天。

臉頰、胸腹部為深紅棕色

腹部中間漸白

▲ 雜色山雀　　　　　　　　▲ 伊豆山雀

保育狀況 NT 保育類II

台灣五種山雀中生存壓力僅次黃山雀，族群似有日益減少的趨勢。主要原因還是由於本鳥賴以棲息的低海拔樹林，已逐步為人類開發使用。屬國內保育類野生動物第二級——珍貴稀有保育類野生動物。

青背山雀（綠背山雀）

臉頰白色

相關種類及分布

台灣特有亞種。

本種分為4個亞種，廣泛分布
於喜馬拉雅山區、中國西南及越
南。鄰近亞種為分布在喜馬拉雅
東部、緬甸、中國中部以及越南
的雲南亞種*yunnanensis*。台灣特
有亞種*insperatus*在經過長久的地
理隔絕演化，2級和3級飛羽的白
斑比其他亞種大很多。另外，青
背山雀和近緣種白頰山雀（*Parus
minor*在台灣屬迷鳥，日本稱四十
雀或大山雀）的外形極為近似，
辨識重點在於青背山雀體型較
小、羽色較深、翼帶有二處白斑，
白頰山雀翼帶只有一處白斑。

上背和肩
橄欖綠色

翼帶有二處白斑

科名 山雀科 Paridae	學名 *Parus monticolus insperatus*
英名 Green-backed Tit	同種異名 無

外形特徵

雌雄羽色相近,頭部黑藍色,臉頰白色,後頸有白斑。上背和肩橄欖綠色,腰鉛灰色,尾上覆羽暗灰藍色,尾羽黑色、羽緣藍色,兩根中央尾羽藍色,外側兩對尾羽的外側邊白色。翼黑褐色,飛羽外側羽毛的羽緣灰藍色,大覆羽和中覆羽具兩條白色翼帶。身體腹面黃色,下頦、喉部至腹部中央有一條黑色縱帶。尾下覆羽靠身體的一半黑色,外部白色。喙黑色,跗蹠及趾鉛灰色。雌鳥腹部的中央黑帶比較窄也比較短。亞成鳥似雌鳥,但顏色較黯淡。

生態習性

棲息於中、高海拔的闊葉樹林中。可見單獨或成對在枝葉間覓食,也可見成小群活動。會利用森林、庭園或耕作區,並常與紅頭長尾山雀、冠羽畫眉、煤山雀和火冠戴菊等形成混合鳥群一起活動。冬季有降遷現象。

食性為小型昆蟲、蛾、蝶、種子、果實等。食用蛾、蝶時,並不食翅膀,只啄食身體的部分,也不整隻吞下。一夫一妻制,有偶外交配行為。

繁殖期為4至7月,巢於樹洞、屋簷及牆壁洞穴,也會利用人工巢箱,以苔蘚、地衣為巢材。窩蛋數4至6顆。需要約18至19天孵化,同巢幼鳥在兩天內全部孵出,雛鳥約在21至23天離巢。孵蛋期由雌鳥單獨負責孵蛋,雄鳥則會攜帶食物回巢供給雌鳥。

▲ 白頰山雀

保育狀況 NT 保育類III

屬國內保育類野生動物第三級——其他應予保育之野生動物。

黃山雀（台灣四十雀、師公鳥）

黑色羽冠

冠的後方及後頸中央白色

泄殖腔四周黑色

相關種類及分布

台灣特有種。

全世界僅分布於台灣。近緣種為分布於印度的黑頦山雀（*Parus xanthogenys*）以及分布於喜馬拉雅山麓、中南半島及中國的黃頰山雀（*P. spilonotus*）。

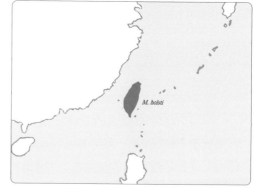

M. holsti

科名 山雀科 Paridae	學名 *Macholophus holsti*
英名 Taiwan Yellow Tit	同種異名 *Parus holsti*

外形特徵

雌雄外形略異,雄鳥頭頂至後頸黑色,有黑色羽冠,冠的後方及後頸中央白色。背部暗灰綠色。翼、尾羽黑色,羽緣藍灰色。尾羽外側白色,臉部與身體腹面黃色,尾下覆羽白色,泄殖腔四周黑色。雌鳥腹部顏色較淺,泄殖腔附近非黑色。

生態習性

棲息於中高海拔原始闊葉林的上層,主要在海拔高度1,000至2,500公尺的範圍內。非繁殖季也會到針闊葉混合林或次生林中活動。通常單獨或成對活動,也常和其它山雀、繡眼畫眉等形成混合鳥群一起活動。擅鳴唱,常與其他山雀科及畫眉科鳥類混群覓食。

食性以小型昆蟲、種子、果實等為主。

繁殖季是4至6月,在大樹的洞中築巢繁殖,巢材包括樹葉、草根、草莖、苔蘚等。會重複使用同一個巢洞。一窩產蛋3至5顆,蛋殼白色有黃褐色斑點。也會利用鳥巢箱。由雌鳥負責孵蛋,雄鳥提供食物給巢中雌鳥。

▲ 黃頰山雀

保育狀況 NT 保育類II

國際鳥盟將黃山雀列為近危的鳥種。黃山雀的分布十分侷限,只出現在台灣中海拔山地的原始闊葉林上層,在分布區域內族群密度普遍很低,即使在適宜的地點,族群數量也不多。過去曾有不少捕捉壓力。屬國內保育類野生動物第二級——珍貴稀有保育類野生動物。

斑紋鷦鶯

眉斑不明顯

眼周赤褐色

喉、胸黃褐色，散布
不規則黑斑。

尾羽栗褐色

相關種類及分布

台灣特有亞種。

本種共有6個亞種，分布於阿富汗、巴基斯坦、印度東北、緬甸至中國南部及台灣。台灣特有亞種*striata*，是所有亞種中色調最淡、最偏灰色的一個亞種。鄰近亞種為華南亞種*parumstriata*，二者外形相似，台灣特有亞種體色偏淡灰色。

▲ 台灣亞種

科名 扇尾鶯科 Cisticolidae	學名 *Prinia striata striata*
英名 Striped Prinia	同種異名 無

外形特徵

本種是台灣三種鷦鶯中體型最大者。雌雄外形相似，但冬夏體色略有差異。非繁殖羽身體背面為黃褐色，除腰和尾上覆羽外，有許多黑色縱斑。翼覆羽褐色，飛羽外緣深栗褐色，尾羽栗褐色。顏面褐色，雜有赤褐色斑點，眉斑不明顯，眼周赤褐色。喉、胸黃褐色，散布不規則黑斑，腹中央白色。繁殖羽身體背面暗褐色，各羽有橄欖色羽緣，眼周黑褐色。腹面一致為淡黃褐色。其餘同非繁殖羽。喙在非繁殖期赤褐色，繁殖期黑色。跗蹠及趾肉色。

生態習性

棲息於開闊山坡地的草叢中，或開墾農地如茶園等濃密灌木，不到陰暗的森林內層活動。繁殖季較常見其站在草莖頂端上鳴唱，其餘時間不容易見到，多活動於濃密草灌叢中；通常僅作短距離飛行。

食性以草叢中的小型昆蟲為主食。

繁殖期為4至6月。築巢於地面草叢中，拉近3、4株草莖，以芒草葉編成橢圓形的巢，內墊乾草、芒花穗。巢開口在上側。每窩產蛋4至5顆。顏色為淡藍綠色或淡梨黃色，鈍端有赤黃色污斑。

▲ 華南亞種

保育狀況 Ⓣ

族群數量尚稱普遍，其種群生存目前並無明顯威脅。保育等級上屬一般類。然長期族群趨勢（2009-2015年）顯著下降（BBS Taiwan 2015）

褐頭鷦鶯（純色鷦鶯）

腹面為黃白色

胸側、脇、尾下覆羽淡黃褐色

眉斑、眼先、耳羽白色。

相關種類及分布

　台灣特有亞種。

　本種共有10個亞種，廣泛分布於印度、中南半島、華南等地。鄰近亞種為分布於越南、中國南部、東部及海南島的華南亞種*extensicauda*，以及分布中南半島的亞種*herberti*。繁殖季時，華南亞種上半體色深褐色，尾羽淡斑較明顯；台灣特有亞種*flavirostris*則偏橄欖灰色，尾羽淡斑不明顯；中南半島亞種*herberti*有最顯眼的白色眼先及眉斑。

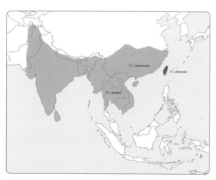

▲ 台灣亞種

科名 扇尾鶯科 Cisticolidae	學名 *Prinia inornata flavirostris*
英名 Plain Prinia	同種異名 無

外形特徵

　　雌雄外形相似，羽色冬、夏略有不同。繁殖羽體背為灰褐色，腰略顯黃色，尾羽甚長，淺褐色，有暗色橫帶，除中央一對尾羽外，末端白色，往上則有黑斑。眉斑、眼先、耳羽白色，雙翼淡褐色，有暗色細邊。腹面為黃白色，胸側、脇、尾下覆羽淡黃褐色。非繁殖羽大致似繁殖羽，背較顯赤褐，不帶灰色，尾端灰色有較明顯的黑斑。喙繁殖期黑色，非繁殖期褐色。跗蹠及趾肉色。

生態習性

　　台灣三種鷦鶯中分部最廣的一種，平地至中海拔山區的農田、草灌叢、墾地，甚至在海拔3,000公尺的高山出現。非常活躍，不太怕人，繁殖季常站在草莖頂端上鳴唱；停棲時，常上下震動或左右晃動翹起的尾羽，通常僅作短距離飛行，飛行有一點笨拙感。

　　食性以捕捉小型昆蟲為食。

　　繁殖期在3至7月間，巢位於草灌叢中，多以草莖、乾葉構築出袋狀巢，巢口開在側面上方。窩蛋數約3至5顆，翠綠色，散布著淡墨色和棕色的污斑。

▲ 華南亞種

保育狀況 LC

無族群生存的壓力。在保育等級上屬一般類。

黃頭扇尾鶯（白頭錦鴝）

雄鳥繁殖羽頭頂至後頸黃白色，有絲質光澤。

尾羽末端白色

頭部黃褐色，有數列黑斑。

▲ 成鳥♂

▲ 成鳥♀

▲ 黃頭扇尾鶯夏羽

相關種類及分布

　　台灣特有亞種。

　　本種分為12個亞種，廣泛分布於印度至澳洲之間的地區，包括澳洲附近南太平洋諸島。棲息於台灣的亞種*volitans*為特有亞種。鄰近亞種為分布於尼泊爾、北印度、中國南部至中南半島的華南亞種*courtoisi*。

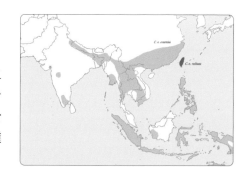

科名 扇尾鶯科 Cisticolidae	學名 *Cisticola exilis volitans*
英名 Golden-headed Cisticola	同種異名 無

外形特徵

雌雄外形及冬夏羽毛略有差異。雄鳥繁殖羽頭頂至後頸黃白色，有絲質光澤。背面黑褐色，羽緣灰褐色，形成暗色縱紋。尾羽黑褐色，羽緣淡褐色，末端白色。腹面一致的黃白色，胸、脇稍帶黃褐色。雌鳥體型略小，羽色大致似雄鳥，但頭部黃褐色，有數列黑斑，眉斑黃白色。雄鳥非繁殖羽似雌鳥的繁殖羽，但雄鳥體側有大片橙栗色，且尾長是雌鳥1.5倍。喙暗褐色，下喙淡色。跗蹠及趾肉色。屬於候鳥的棕扇尾鶯（*Cisticola juncidis*）與黃頭扇尾鶯母鳥很像。

生態習性

棲息於海拔500公尺以下的山坡、河床、廢耕地等處之濃密草叢中。繁殖季時，雄鳥常停棲於環境中較高的草莖枝條上大聲地鳴唱，有時亦停到電線上或在空中邊飛邊唱，飛行時常隨著歌聲上下不規則地飄移。秋冬則少有鳴叫，而且常隱於草叢中，不易發現。食性以草叢的小型昆蟲為主食。

繁殖從4月至9月。一夫多妻制，1隻雄鳥可同時擁有2至3隻雌鳥，在一個繁殖季內，每隻雄鳥可擁有4個繁殖巢。雄鳥有明顯的領域行為，但不負擔任何照顧子代的責任。自築巢起，即由雌鳥獨自負責。巢築於雜草叢中，以草葉編成，袋狀，窩蛋數3至5顆，蛋的顏色為青藍色，有咖啡色斑點。孵蛋期為15至17天。育雛期為11至13天。

▲ 黃頭扇尾鶯冬羽

▲ 棕扇尾鶯

保育狀況 ⑮

不普遍的留鳥。保育等級上屬一般類。

台灣叢樹鶯（台灣短翅鶯、褐色叢樹鶯）

有不明顯白色眉線

翼短

相關種類及分布

　　台灣特有種。全世界僅見於台灣。

　　近緣種為分布於東喜馬拉雅、印度、泰國至中國華南的褐色叢樹鶯（*B. mandelli*，高山蝗鶯）及分布於菲律賓呂宋島北部的呂宋叢樹鶯（*B. seebohmi*）。

科名 蝗鶯科 Locustellidae	學名 *Locustella alishanensis*
英名 Taiwan Bush Warbler	同種異名 *Bradypterus alishanensis*

外形特徵

　　雌雄外形相似。體背鏽褐色而帶有橄綠色，翼短，尾長，尖端圓凸，有不明顯白色眉線的暗棕褐色鶯。喙黑色，喉部灰白色，有許多深色細縱紋，腹面大致是灰褐色，胸側至尾下覆羽較深，尾下覆羽羽緣淺黃褐色。

生態習性

　　棲息在海拔1,200至3,800公尺山區林緣、灌木叢、草生地或竹叢，為底棲性鳥類。繁殖季時，因鳴聲特別，非常容易察覺台灣叢樹鶯的存在，但習性隱密，多藏身於濃密草灌叢下層；雖容易靠近，卻不易觀察；冬季會有降遷現象。鳴聲為特殊的「滴答答－滴答答滴－」類似打電報，故又稱電報鳥。

　　雜食性，以蠕蟲、昆蟲為主食。

　　繁殖期在5月中旬至6月底，築巢於芒草叢近地面處，以草莖、花穗為巢材，巢杯形。每窩產2顆蛋，白色，散布紅紫色斑點，鈍端較濃，雌雄鳥都參與孵蛋。

尾寬

▲ 呂宋叢樹鶯

保育狀況 ⓘ

保育等級屬一般類。短期族群有下降趨勢 (2014-2015年，BBS Taiwan 2015)。

台灣鷦眉（小鷦眉、台灣短尾鷦鶥）

腹面的羽毛在胸部以上
會反映綠色光澤

相關種類及分布

　　台灣特有種。

　　全世界僅分布於台灣。近緣種為分布於喜馬拉雅山區、緬甸、越南、中國西南部的鱗胸鷦鶥（*P. albiventer*）。過去叫做「鱗胸鷦鷯」，然而在當代分類系統中，牠與鷦鷯的關係並不密切，因此不屬於鷦鷯科（Troglodytidae）而是鷦眉科（Pnoepygidae）的短尾鷦鶥屬（Pnoepyga）。以往會稱為鱗胸「鷦鷯」，是因為在早期以形態為主的分類系統中，這類鳥被歸入鷦鷯科。

科名 鷦眉科 Pnoepygidae	學名 *Pnoepyga formosana*
英名 Taiwan Cupwing, Taiwan Wren-babbler	同種異名 無

外形特徵

雌雄外形相似。全身黑色，背面及腹面的羽毛在胸部以上會反映綠色光澤。初級飛羽及尾羽邊緣灰藍色，尤其在初級飛羽上較為明顯，腹部、腋部及尾下覆羽灰黑色沒有光澤。喙、跗蹠及趾鮮橘紅色。剛離巢的幼鳥喙、跗蹠及趾黑色。本種不同亞種的羽色變異很大，有些亞種頭部為白色，身體則為不同程度的灰色或黑色。

生態習性

普遍棲息於中海拔山區1,000至2,800公尺高山濃密森林底層。

雜食性。啄食嫩葉、幼芽和昆蟲。鳴唱聲嘹亮、規律。性羞怯，常單獨隱藏於密叢中或地面上活動，不易觀察。從不作長距離的飛行，受驚則潛逃遁入密叢裡。

採一夫一妻制，繁殖期在4至7月。築巢於長有青苔的岩壁上，並以青苔為巢材，內襯以細根。巢形如圓柱，開口於上側，甚難發現。一窩產3顆蛋，蛋白色，無斑點，也無光澤。雌雄親鳥輪流孵蛋和育雛。孵蛋期約16天，雛鳥離巢約需15天。

▲ 鱗胸鷦鷯

保育狀況 ⓛⓒ

暫無生存危機。保育等級屬一般類。

白環鸚嘴鵯

頭部灰黑

喙厚短，上喙下彎。

前頸有一白色橫帶

相關種類及分布

台灣特有亞種。

本種分為2個亞種，指名亞種*semitorques*分布於中國中部、南部，在越南北部度冬。台灣亞種*cinereicapillus*是台灣的特有亞種，廣泛分布於中低海拔郊區和淺山地。台灣亞種的頭部灰黑、尾羽末端暗褐色，相對於指名亞種（頭黑色、尾羽末端黑色）略有不同。

▲ 台灣亞種

尾羽末端暗褐色

科名 鵯科 Pycnonotidae	學名 *Spizixos semitorques cinereicapillus*
英名 Collared Finchbill	同種異名 無

外形特徵

雌雄外形相似。頭灰黑色,虹膜褐色,頰部有細白紋。喙厚短,呈灰白色,上喙下彎,前頸有一白色橫帶。身體橄欖綠色,尾羽末端暗褐色,跗蹠淡紅色。背部及翼的覆羽橄欖綠色,腰部及尾上覆羽帶有黃色。

生態習性

棲息於中低海拔山區,相當常見的鳥,常單隻或成對出現於平地和淺山地區的樹林邊緣和灌叢區。各地族群的數量似乎沒有其它鵯科鳥類多。喜歡在灌叢、開闊的樹林或果樹林的中下層活動,很少在濃密樹林內部出現。喜停棲在灌木草叢頂端或草穗上。

食性雜食性,以昆蟲及漿果為主,也會吃草籽等種子。

繁殖季為5至8月,於矮枝築巢,碗形的巢與白頭翁類似,只是比白頭翁的略大。巢材包括草的莖葉、細枝條等。蛋灰白色或淡黃色滿布褐紫色斑點,每巢產2至4顆蛋。

頭黑色

尾羽末端黑色

▲ 指名亞種

保育狀況 🔟

未被列入野生動物保育法的保育類鳥種名錄中。

烏頭翁（台灣鵯）

頭頂至後頸羽色烏黑

喙角有一橙色
或黃色痣點

有黑色髭線

相關種類及分布

　台灣特有種。

　分布於花蓮及台東的花東縱谷，西起利稻，
北至崇德及和仁；在南台灣則出現於屏東的
恆春半島自枋山、楓港以南。雖然本種的分布
區並不分散而且數量普遍，常可記錄到上百
隻的族群，但因白頭翁及雜交種入侵嚴重，近
年於東部鄉鎮已難找到純種烏頭翁。現今只
有海岸山脈及台東縣的東河、鹿野兩鄉尚有
純種烏頭翁族群分布。是台灣唯一的平原性
特有種鳥類。

P. taivanus

科名 鵯科 Pycnonotidae	學名 *Pycnonotus taivanus*
英名 Styan's Bulbul	同種異名 無

外形特徵

雌雄外形相似,雄鳥比雌鳥大。頭頂至後頸羽色烏黑,有黑色鬚線。雙頰、耳羽及喉部灰白色,喙角有一橙色或黃色痣點。背部灰綠色,腰部灰色,翼的覆羽、飛羽及尾羽灰橄欖綠,有黃綠色的羽緣。胸部淡灰褐色,腹部白色,尾下覆羽白色,羽緣帶有黃色。喙黑色。跗蹠與趾黑色。

另外,在台灣東部與南部可見許多烏頭翁與白頭翁的雜交個體,各羽區有不同顏色的組合,產生的雜交類型很多,原則上兼具了兩者的特色。有些雜交個體的頭部黑色或白色範圍甚大,遠超過純烏頭翁或純白頭翁黑白兩色原來所占的範圍。雜交個體在此兩極端之間展現多樣的羽色變異。

生態習性

棲息於中低海拔的次生林、灌叢、農田、果園及都市公園與行道樹等環境中。不太怕人。

雜食性,食物包括果實、花及昆蟲,也會捕食昆蟲。

繁殖期在3月至7月,築巢於樹枝上,巢為碗狀,巢材為草類的葉、花穗及蜘蛛網等。一窩產蛋3至4顆,孵化期11至12天,幼雛由雙親餵養9至10天即可長成離巢。

有些雜交個體的頭部黑色或白色範圍甚大

喙角有一橙色或黃色痣點

▲ 雜頭翁

保育狀況 VU 保育類II

學者推測烏頭翁與白頭翁可能來自同一祖先,因為兩種的親源關係極為接近,有可能烏頭翁先抵達台灣並特化成特有種,之後白頭翁才抵達台灣,如今也特化成特有亞種。在與白頭翁分布重疊的地區,烏頭翁會與白頭翁雜交,近年來因東部宗教放生,白頭翁的數量增加,雜交情形更為嚴重,使烏頭翁種源純正受到威脅。屬國內保育類野生動物第二級——珍貴稀有保育類野生動物。

白頭翁

頭頂後方有一大塊白斑

耳羽下方也有白斑

背、肩羽及尾上覆羽為橄欖黃色。

尾下覆羽白色，羽緣帶有黃色。

相關種類及分布

　　台灣特有亞種。

　　本種分為4個亞種，廣泛分布於中國中部、東南部至中南半島北部。台灣亞種 *formosae* 為台灣特有亞種。近數十年來人類在中海拔地區的開墾，使白頭翁的分布往高海拔移動，在中部山區可達2,100公尺。而在東部地區的宗教放生活動，使得白頭翁侵入台灣特有種烏頭翁的生活區，引起雜交現象而影響到烏頭翁種源的純正。

　　鄰近亞種為分布於中國中部與東部的華中亞種 *sinensis* 、分布於中國南部、海南島及越南北部的海南亞種 *hainanus* 以及分布於琉球群島南部的與那國島的琉球亞種 *orii* 。4亞種間在形態上的差異主要為體型及頭頂白斑大小，其中頭全黑無白羽的海南亞種外形甚至和我們的烏頭翁相似。

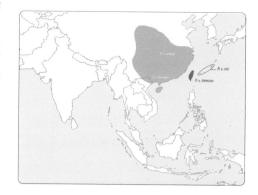

科名 鵯科 Pycnonotidae	學名 *Pycnonotus sinensis formosae*
英名 Light-vented Bulbul	同種異名 無

外形特徵

雌雄外形相似。眼黑色、喙黑色,頭頂後方有一大塊白斑,耳羽下方也有白斑。除上胸為淡褐色,其餘腹面皆為白色。背、肩羽及尾上覆羽為橄欖黃色。尾下覆羽白色,羽緣帶有黃色。跗蹠鉛灰色。另外,台灣的東部與南部可見許多烏頭翁與白頭翁雜交個體,各羽區有不同顏色的組合,產生的雜交類型很多,原則上兼具了兩種的特色。有些雜交個體頭部黑色或白色範圍甚大,遠超過純烏頭翁或純白頭翁黑白兩色原來所占的範圍。雜交個體在此兩極端之間展現多樣的羽色變異。

生態習性

低海拔地區幾乎隨處可見,喜好生活於海拔2,100公尺以下之都市公園、行道樹、鄉村之樹林、山坡地闊葉樹林、農地及果園的林木上。

雜食性,以昆蟲及漿果等為食。榕樹等果實成熟時,常可見上百隻個體吵雜地聚集在同一棵樹上覓食。秋冬季節亞成鳥會組成大群,群體中也常有部分成鳥。冬末個體間會展現攻擊性行為,導致鳥群在繁殖期前解散,並開始配對、求偶、築巢進入繁殖。

繁殖期為4至8月,窩蛋數3至4顆,蛋白色有濃密暗紅色斑點。孵化期約10至12天,雛鳥約12天離巢。

▲ 海南亞種　　　▲ 琉球亞種　　　▲ 華中亞種

保育狀況 🅻🅲

白頭翁的數量眾多,普遍分布於台灣北部與西部的平地、中海拔至高海拔已開發的山地,十分適應人類的環境。族群相當強勢,分布範圍近30年已逐漸入侵到烏頭翁的分布地區,在兩者的分布重疊地區形成雜交帶。本種也是宗教性放生活動中最常見的鳥種,放生到台灣東部的個體與烏頭翁接觸後開始雜交,影響烏頭翁族群的純度與未來。在野生動物保育法中屬一般類,未列名於受威脅及保育鳥種。

紅嘴黑鵯（短跗鶲鵯）

喙鮮橘紅色

背面及腹面的羽毛在胸部
以上會反映綠色光澤

相關種類及分布

　　台灣特有亞種。

　　本種分為12個亞種，廣泛分布於亞洲南部，自印度半島、中國南部至中南半島等地。台灣特有亞種為*nigerrimus*。

　　本種不同亞種的羽色變異很大，例如分布於中國山西、四川的四川亞種*leucothorax*頭部為白色。分布於喜馬拉雅、北印度至西藏的西藏亞種*psaroides*體型較大，體色偏灰色。分布於緬甸東北、中國雲南的華南亞種*ambiens*外形與台灣亞種相似，主要差異在其初級飛羽邊緣顏色較深。整體而言，這些不同亞種之間體色呈現出不同程度的灰或黑色。

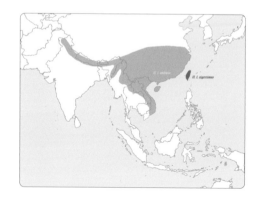

腹部、腋部及尾下覆羽
灰黑色沒有光澤

科名 鵯科 Pycnonotidae	**學名** *Hypsipetes leucocephalus nigerrimus*
英名 Black Bulbul	**同種異名** 無

外形特徵

雌雄外形相似。全身黑色，背面及腹面的羽毛在胸部以上會反映綠色光澤。初級飛羽及尾羽邊緣灰藍色，尤其在初級飛羽上較為明顯，腹部、腋部及尾下覆羽灰黑色沒有光澤。喙、跗蹠及趾鮮橘紅色。剛離巢的幼鳥喙、跗蹠及趾黑色。

生態習性

棲息於低中海拔山區森林。廣泛分布於平地至中海拔有樹林的環境。常小群活動，停棲枯樹或大樹上。冬季時會結群成數百隻的大群，有向高海拔昇遷之現象。鳴叫聲聒噪，雖不圓潤但是響亮多變化，飛行時常邊飛邊大聲鳴叫，也會躲在濃密的枝葉中發出「喵、喵」似貓的叫聲。

食性以昆蟲、果實和花蜜等為主食，常在果園出現。

繁殖期為4至6月，築巢於高樹頂端枝條上，巢材為小竹枝、細蔓藤、草莖及樹葉等，窩蛋數2至3顆。偶爾也會將巢築在都市建築的陽台上。

▲ 華南亞種

保育狀況 🔵

紅嘴黑鵯在台灣的數量眾多，未被列入野生動物保育法的保育類鳥種名錄中。

棕耳鵯 (栗耳短跗蹠鵯)

虹膜褐色

耳後及頸側栗色

喙深灰色

附蹠與趾棕黑色

相關種類及分布

　　台灣特有亞種。

　　本種分為12個亞種，分布於中國東部
至菲律賓及太平洋西部的許多海島上。棲
息於蘭嶼、綠島及龜山島上的蘭嶼亞種
harterti 為該地區留鳥，冬季偶見於屏東墾
丁、宜蘭、野柳等海岸地帶。鄰近亞種為繁
殖於庫頁島、日本、韓國、中國東北的指名
亞種*amaurotis*，冬季遷往大陸東南、琉球
群島度冬，是台灣、澎湖稀有過境鳥。指名
亞種外形與蘭嶼亞種相近，但是體色較灰，
身體腹面更有淺灰色縱斑，兩脇紅棕色明
顯，耳羽僅後緣栗色有黑邊，而蘭嶼亞種整
體顏色較深，體型較小，胸部深栗色有暗色
縱斑。

科名 鵯科 Pycnonotidae	學名 *Hypsipetes amaurotis harterti*
英名 Brown-eared Bulbul	同種異名 無

外形特徵

　　雌雄外形相似。頭頂與頭後羽毛灰色，羽軸棕色，虹膜褐色，喙深灰色，耳後及頸側栗色。頭頂、頸後及喉部灰色，兩翼和尾褐灰色。前頸至胸部栗褐色，有黑褐色及灰色斑。腹中央灰色，脇、尾下覆羽褐色，跗蹠與趾棕黑色。

生態習性

　　喜歡成群活動於森林上層、灌叢區及多種樹林邊緣地帶。

　　食性雜食性，以多種漿果、昆蟲為食，偶爾也會捕食蜘蛛。

　　繁殖期為4至6月，築巢於茂密枝葉間，巢材為細枝、竹葉及苔蘚等，窩蛋數4至5顆。孵蛋期約10天，幼鳥孵出後也大約10天後離巢。

▲ 指名亞種

保育狀況 LC

棕耳鵯未被列入台灣野生動物保育法的保育類鳥種名錄。

小鶯 (強腳踎樹鶯、台灣小鶯)

眼先及眼後暗褐色，形成不明顯的過眼線。

相關種類及分布

台灣特有亞種。

本種共分為4個亞種，分布於南亞的巴基斯坦北部、印度北部、喜馬拉雅山區、華南、中南半島北部及台灣。台灣亞種*robustipes*為特有亞種，鄰近亞種為分布於中國南部、寮國和越南北部的華南亞種*davidiana*。外形上，台灣亞種嘴長較華南亞種略長，尾羽則較短些。

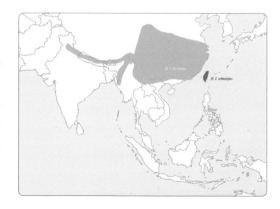

科名 樹鶯科 Cettiidae	學名 *Horornis fortipes robustipes*
英名 Brownish-flanked Bush Warbler	同種異名 無

外形特徵

　　雌雄外形相似。自頭頂至尾上覆羽為一致的橄欖褐色，尾羽暗褐色，羽緣為稍亮的赤褐色。眼先及眼後暗褐色，形成不明顯的過眼線。眉斑為模糊的黃褐色。雙翼暗褐色，羽緣為稍亮赤褐色，腹面淡黃褐色，喉及腹部中央為稍淡灰黃色。喙暗褐色，下喙淡色。跗蹠及趾淡褐色。

生態習性

　　棲息於海拔700至2,300公尺山區的開闊草生地或林緣灌叢，甚少進入闊葉森林內。常於低矮草灌叢下層活動，時常可以聽到牠特殊的鳴唱聲，卻不是很容易觀察到。冬季時有較明顯的垂直降遷行為。

　　食性以葉叢中的昆蟲等無脊椎動物為食。

　　繁殖期在4至7月間。巢位於芒草叢中，巢材包括草莖、芒草葉、羽毛和植物細纖維；窩蛋數3至5顆，蛋呈淡紅色，鈍端有一圈較深的顏色。

▲ 華南亞種

保育狀況 ⓛⒸ

普遍留鳥。保育等級屬一般類。

深山鶯（黃腹樹鶯）

有粗短的黃白色眉線

黑褐色過眼線有時不明顯

相關種類及分布

台灣特有亞種。

本種共有3個亞種，分布於南亞的印度北部、西藏東南、緬甸北部、華南及台灣。*concolor*為台灣特有亞種，僅分布於台灣山區。鄰近亞種為分布於印度北部與西藏南部的喜馬拉雅山區、華南、緬甸東部的指名亞種*acanthizoides*。

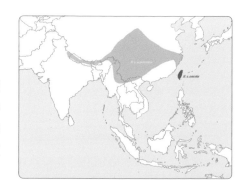

科名 樹鶯科 Cettiidae	學名 *Horornis acanthizoides concolor*
英名 Yellowish-bellied Bush Warbler	同種異名 無

外形特徵

雌雄外形相似。頭頂略帶紅棕色，下腹淺黃色的小型樹鶯類。背面大致是橄欖褐色，耳羽灰褐色，有粗短的黃白色眉線，黑褐色過眼線有時不明顯，翼與尾羽黑褐色，羽緣紅棕色，喉部灰白色，胸部略帶灰褐色。

生態習性

棲息於海拔2,000至3,800公尺山區的林緣、低矮灌木林、開闊草生地或箭竹叢，常單獨在密草間，不停地跳躍覓食，停棲細枝時亦不時抖動雙翼。非繁殖期的冬季可見3至5隻的鬆散小群一起活動。多在灌叢內層活動，偶爾跳出隨即沒入草叢中。算是較容易見到的樹鶯，比較常進入森林中。平常不喜飛行，遇危險時僅從容潛入草叢中。冬季有向低處垂直遷徙的情形。

食性以啄食草葉上及莖節間的小昆蟲為食。

繁殖期在6至7月間，巢位於濃密草灌叢低處，呈球狀或深碗狀，以竹葉、苔蘚、蜘蛛絲和絨羽為巢材，窩蛋數2至3顆，赤褐色，略有光澤，鈍端帶有深色的細小斑紋。

▲ 指名亞種

保育狀況 🆔

普遍留鳥。保育等級屬一般類。因為受全球暖化影響，建議優先監測目標（丁宗蘇，2014）。

褐頭花翼（玉山雀鶥、紋喉雀鶥、灰頭花翼畫眉）

下腹和尾下覆羽黃褐色

眼圈白色

眉線、眼周顏色較深。

腮、喉、胸灰白色，有褐色縱紋。

相關種類及分布

台灣特有種。

外形與分布於中國西南、雲南、廣西的灰頭雀鶥（*F. cinereiceps*），及分布於甘肅、西藏、青海、雲南、四川的高山雀鶥（*F. striaticollis*）相似。台灣的褐頭花翼，眉線、眼周顏色較深，白色眼圈最顯眼，腹部相對較為黃褐色。

F. formosana

科名 鶯科 Sylviidae	學名 *Fulvetta formosana*
英名 Taiwan Fulvetta	同種異名 無

外形特徵

　　雌雄外形相似。額、頭上至背咖啡褐色，眼先和眉線濃咖啡色，眼圈白色。肩、腰、尾上覆羽和翼覆羽橙黃褐色。初級飛羽外瓣灰白色，內瓣暗褐色，次級飛羽外瓣橙黃色，內瓣暗褐色。尾羽褐色，外瓣橙黃色。腮、喉、胸灰白色，有褐色縱紋。腹灰褐色，下腹和尾下覆羽黃褐色。喙黑褐色，跗蹠褐色。

生態習性

　　棲息於高山海拔2,000至3,500公尺林下的濃密箭竹叢或灌木叢中，多單獨或成小群活動，不甚怕人，可近距離觀察。冬季會降遷至中海拔。

　　食性雜食性。啄食各種昆蟲和植物的嫩葉、幼芽和種子。

　　繁殖期在5至7月。築巢於箭竹的枝椏上，巢為深杯形，離地高約1.8公尺。巢材為箭竹葉、苔蘚及樹皮等，並內襯蕨類的根，窩蛋數為1至2顆，灰藍色而無光澤，有褐色污斑，鈍端污色較濃。

▲ 灰頭雀鶥

保育狀況 🔴

在保育等級上屬一般類。

粉紅鸚嘴（棕頭鴉雀）

喙暗褐色，尖端骨色。

喉和胸淺酒紅色

▲ 成鳥♀

頭圓大

相關種類及分布

　　台灣特有亞種。

　　本種分為9個亞種，廣泛分布於亞洲的中部、東部、東北部、東南部，還有中國西南方及越南一帶。各亞種間外觀差異主要在體羽色調的不同。鄰近亞種為分布於中國中部及東部的華東亞種*suffuses*。台灣特有亞種*bulomachus*喙部稍大。

▲ 成鳥♂

科名 鶯科 Sylviidae	學名 *Sinosuthora webbiana bulomachus*
英名 Vinous-throated Parrotbill	同種異名 無

外形特徵

　　雌雄外形相似，但雄鳥體型略大於雌鳥。頭圓大，翼形圓短，尾中等長度。頭頂、後頸及上背栗紅色，無眉斑。喙暗褐色，尖端骨色。體背與翼的覆羽橄欖褐色，初級飛羽和尾羽暗栗褐色，喉和胸淺酒紅色，腹部淡黃褐色。跗蹠與趾灰紅色。

生態習性

　　棲息於中低海拔之次生林、灌叢、草生地或濕地中都可能出現。是社會性極強的鳥類，鳥群是由多個小家庭所組成，繁殖時，離群成對活動，繁殖結束後，陸續回群，十月群恢復至穩定狀態。群內或群間個體間均很少敵對行為。覓食時非常吵雜，常與黑枕藍鶲或綠繡眼混群，一起覓食。繁殖期在4至6月，築巢於芒草叢、灌木叢或竹林，巢呈深碗形，窩蛋數為3至5顆，淡藍色無斑紋。親鳥輪流孵蛋，孵蛋期約10天，幼鳥約12天離巢。

翼形圓短

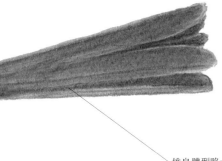

雄鳥體型略大於雌鳥

▲ 華東亞種

保育狀況 🆔

粉紅鸚嘴在台灣的數量很普遍，未被列入野生動物保育法的保育類鳥種名錄。近年的監測，台灣北部與西部族群顯著下降（BBS Taiwan 2015）。

黃羽鸚嘴（黃羽鴉雀）

體羽背面大致為黃褐色

喉、前頸黑色。

▲ 成鳥♀

公鳥的繁殖羽臉頰帶有黑色

相關種類及分布

　　台灣特有亞種。

　　本種有3亞種，零星分布於中國中部、南部、東南部局部地區。鄰近亞種為分布於中國兩廣、福建的華南亞種 *pallidus*。相較分布於中國四川等地的指名亞種 *verreauxi*，台灣特有亞種 *morrisoniana* 體色偏黃褐色，耳羽灰色。

S. v. verreauxi

S. v. morrisoniana

▲ 成鳥♂

科名 鶯科 Sylviidae	學名 *Suthora verreauxi morrisoniana*
英名 Golden Parrotbill	同種異名 無

外形特徵

雌雄外形相似。體羽背面大致為黃褐色，眉線白色，頰白色（公鳥的繁殖羽臉頰帶有黑色），喙粉紅肉色，上喙尖下彎。喉、前頸黑色。飛羽黑色，初級飛羽前緣灰白色，其他飛羽前緣橙黃色。尾上覆羽及尾羽基部紅褐色，尾羽末端深褐色。腹部黃色，尾下覆羽白色，跗蹠粉紅肉色。

生態習性

棲息於中高海拔山區。社會性極強，會多達20至30隻成群在高海拔竹林、灌叢、鐵杉林下的箭竹叢與草叢中活動。通常不高飛，只在林下做短距離的跳躍或飛行，群集時，會發出吵雜聲。冬天會降遷，有時與火冠戴菊、紅頭山雀等混群活動。

食性多以昆蟲、漿果及植物種子為食。

繁殖期5至7月，以新鮮苔蘚及箭竹葉在箭竹上築成一碗狀巢，巢上方具一斜屋頂，側邊有出入口，雌雄鳥共同築巢、孵蛋及育雛，一窩產3至4顆蛋，天藍色，沒有斑點。雛鳥從孵出到離巢約16天。

▲ 指名亞種

保育狀況 🔘

稀有留鳥。屬一般類，未被列入保育類鳥種名錄。

冠羽畫眉（冠羽鳳鶥、褐頭鳳鶥）

頭頂有暗褐色豎立之冠羽

黑色過眼線

黑色顎線

跗蹠灰黃色

相關種類及分布

台灣特有種。

學者以分子生物研究發現，現今11種鳳鶥屬鳥類可能發源於中國與緬甸之間的高黎貢山，彼此分化間隔時間很短（張淑霞，2006）。而冠羽畫眉的祖先大約在5百萬年前便經由陸橋來到台灣建立族群，之後歷經冰河期等氣候、地理環境因素形成的隔離，最終演化為獨立種，全世界僅分布於台灣，無亞種分化，是台灣特有種。近緣種為分布於喜馬拉雅山脈、印度阿薩姆、緬甸北部及中國南方的黑頦鳳鶥（*Y. nigrimenta*）。

Y. brunneiceps

科名 繡眼科 Zosteropidae	學名 *Yuhina brunneiceps*
英名 Taiwan Yuhina	同種異名 無

外形特徵

雌雄外形相似。頭頂有暗褐色豎立之冠羽，喙黑色。黑色的過眼線及顎線，頸側有一黑色弧線連結前兩者，像是長了八字鬍。臉部及胸、腹為灰白色。背部、翅灰褐色。脅、尾下覆羽雜有栗褐色羽，跗蹠灰黃色。

生態習性

棲息於海拔1,200至2,800公尺之闊葉林及針闊混合林。冬季有降遷現象。常成小群約3至7隻在枝葉間活動，也會與其它同等大小的鳥類如青背山雀、繡眼畫眉、紅頭山雀等混群活動。

雜食性，多在樹冠層的枝葉間啄食花蜜、果實和昆蟲，有時也會於清晨到路燈下啄食前一夜聚集的夜蛾。喜食台灣鵝掌柴，鄧氏胡頹子的花果。

繁殖期4至6月，築巢於枝葉濃密的枝頭，以草莖、蕨類、蘚苔為巢材，巢碗形。一夫一妻制，但為多對共同築巢合作哺育形態，通常3至8隻成鳥共同組成繁殖群，少數成員沒有繁殖，但會幫忙育幼，此合作生殖稱為「多對共用一巢」，可分擔親鳥在孵蛋與育雛的工作量，也有分擔面對變動環境風險的好處。窩蛋數4至8顆不等，可能由2至3隻雌鳥產蛋於同一窩中。蛋青色，有淡黃褐色帶灰的污點，污點集中在鈍端，形成輻射狀或環狀。鳥群內各個成員都參與孵蛋的工作，但雌鳥擔當較多的孵蛋工作。冠羽畫眉是目前被發現，唯一行「多對非親緣繁殖鳥共用一巢」合作生殖的燕雀目鳥類。研究學者還發現，尤其在艱困環境之下，冠羽畫眉的合作生殖方式，更能確保子代的存活率。

保育狀況 🅛🄲

普遍留鳥。目前冠羽畫眉的種群數量仍甚為普遍，沒有重大的生存危機。屬國內保育類野生動物第三級——其他應予保育之野生動物。

張淑霞。2006。鳳鶥屬鳥類（Yuhina, Aves）的系統發育研究。中國科學院研究生院博士論文。北京。

山紅頭（紅頭穗鶥）

額和頭頂栗赤色

喉和頸有褐色細縱斑

▲ 山紅頭

相關種類及分布

　　台灣特有亞種。

　　本種分為6個亞種，分布於緬甸、寮國、越南和
中國的西部、西南部、華中、華南、海南島以及台
灣。鄰近亞種為分布於中國中部、東部和南部、
中南半島至寮國北部的普通亞種*davidi*及分布於
海南島的海南亞種*goodsoni*。*davidi*胸腹部體羽
偏黃，*goodsoni*黃色喉部有深色縱紋，台灣特有亞
種*praecognitum*體羽偏灰褐色。

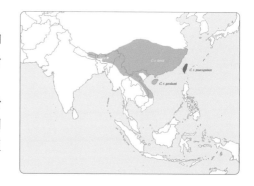

科名 畫眉科 Timaliidae	學名 *Cyanoderma ruficeps praecognitum*
英名 Rufous-capped Babbler	同種異名 *Stachyridopsis ruficeps*

外形特徵

雌雄外形相似,但雄鳥體型大於雌鳥。額和頭頂栗赤色,眼先和喉淡鮮黃色,體背面、翼覆羽和尾羽橄欖褐色。飛羽橄欖褐色,內瓣暗褐色。體腹面一致橄欖黃色,喉和頸有褐色細縱斑。喙暗褐色,跗蹠黃褐色。

生態習性

棲息於低中海拔樹林底層、灌叢、丘陵地帶至海拔2,500公尺高山的森林底層和叢藪都可見其蹤跡。活潑好動,常倒懸於細枝上啄食,休息時會相互理毛,常與其他鳥種混群活動。不同海拔族群間鳴唱頻率也不同。

食性以啄食甲蟲、螞蟻、鱗翅目幼蟲、膜翅目幼蟲和蜘蛛等。

繁殖期4至7月,築巢於草叢中,巢圓形或杯形,巢材為草莖、芒草葉及樹葉,巢口開於上側,窩蛋數3至5顆,白色而有淡赤褐色小污斑。雌雄鳥輪流孵蛋和育雛。

飛羽橄欖褐色,內瓣暗褐色。

跗蹠黃褐色

▲ 普通亞種

▲ 海南亞種

保育狀況 🔵

普遍留鳥。種群數量甚為普遍,目前並無生存危機。

小彎嘴畫眉 (小彎嘴鶥、台灣鉤嘴鶥)

喙長而下彎，上喙黑，下喙白色。

胸部縱紋較為深色

後頸至上背、頸側栗紅褐色。

相關種類及分布

　　台灣特有種。

　　全世界僅分布於台灣。外形與分布於喜馬拉雅山區、緬甸北部、泰北、華中、華南、越南北部的近緣種棕頸勾嘴眉東南亞種 (*P. ruficollis stridulus*) 相似。小彎嘴畫眉體型較棕頸勾嘴眉東南亞種大，胸部縱紋較為深色。

P. musicus

科名 畫眉科 Timaliidae	學名 *Pomatorhinus musicus*
英名 Taiwan Scimitar Babbler	同種異名 無

外形特徵

　　雌雄外形相似。額至前頭黑色，喙長而下彎，上喙黑，下喙白色，眉紋白色，虹膜褐色，過眼線黑色。頭頂暗褐色，後頸至上背、頸側栗紅褐色，下背至尾羽、翼皆為橄欖褐色。喉至胸白色，上胸具橄欖褐色粗縱斑，下胸至腹栗褐色，尾下覆羽橄欖褐色，腳鉛褐色。

生態習性

　　棲息於中低海拔之樹林底層及灌叢，多見在底層或地面上活動。一般不作遠距離的飛行，遇人則竄入濃密的灌叢裡。

　　雜食性，兼食植物的果實、種子和各類昆蟲。

　　繁殖期4至6月，築巢於近地面上，巢由芒草、花穗、羊齒植物和其他長形草葉所編成，巢近似球形，巢口開於上側方。每窩產蛋3顆，白色無污斑。

腳鉛褐色

▲ 棕頸勾嘴眉

保育狀況 🄻🄲

普遍留鳥。對環境改變的適應能力很強。目前尚未被列入保育類鳥種名錄。

大彎嘴畫眉（鏽臉鉤嘴鶥）

上喙基部栗色

額、頭至後頭灰黑色。

後頸橄欖灰色

胸羽白色，各羽羽軸
黑褐色，形成斑點。

相關種類及分布

　　台灣特有種。

　　外形與分布於中國四川、甘肅的斑胸鉤嘴鶥
（*E. gravivox*），及分布於中國南部、東部的華南
勾嘴眉（*E. swinhoei*）相似。其外形差異在於頰、
腋、上體羽色及體型大小之不同。

M. erythrocnemis

科名 畫眉科 Timaliidae	學名 *Erythrogenys erythrocnemis*
英名 Black-necklaced Scimitar-Babbler	同種異名 無

外形特徵

　　雌雄外形相似。上喙基部栗色，額、頭至後頭灰黑色，後頸橄欖灰色。背、腰、尾上覆羽和翼栗色。飛羽內瓣黑褐色，羽橄欖褐色，具深色細橫紋。眼先灰黑色，頰栗色，耳羽橄欖灰色。腮、喉白色，胸羽白色，各羽羽軸黑褐色，形成斑點。腹污白色，脅橄欖褐色，尾下覆羽和跗蹠栗紅色。喙灰黑色，跗蹠鉛色。

生態習性

　　棲息於中低海拔森林底層、灌叢。不善飛行，大多單獨活動，不易見其蹤跡，但鳴聲嘹亮悅耳，且雌雄會合唱。

　　主要以昆蟲為食物，亦攝取漿果、果實等植物性食物。

　　繁殖期在3至6月，築巢於灌叢、土壁或樹根，巢為粗糙碗狀，包圍在枯葉苔蘚及蕨類間。窩蛋數2至4顆，白色，無污斑。孵蛋期14至16天，由雌雄輪流孵，約兩週多雛鳥可以離巢。

▲ 華南勾嘴眉

保育狀況 ⒧⒞

不普遍留鳥。未列入保育類鳥種名錄。

頭烏線（烏線雀鶥、褐頂雀鶥）

後頸褐色，兩側有明顯黑色縱紋。

喉、胸、腹污灰色

相關種類及分布

　　台灣特有亞種。

　　本種分為5個亞種，分布於中國西南、華東、華南、海南島和台灣。台灣特有亞種*brunneus*，亦是指名亞種。鄰近亞種為分布於大陸東南的華南亞種*superciliaris*及分布於海南島的海南亞種*argutus*。華南亞種身體上半紅褐色較多，頭側及喉嚨羽色稍白；海南亞種類似華南亞種，但鳥喙較尖細。

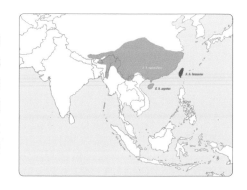

科名 雀眉科 Pellorneidae	學名 *Schoeniparus brunneus brunneus*
英名 Dusky Fulvetta	同種異名 無

外形特徵

　　雌雄外形相似。頭褐色，羽緣黑色。後頸褐色，兩側有明顯黑色縱紋，眼先和眼周圍土黃色，頰灰色。背、腰、尾上覆羽、翼、飛羽和尾羽等一致為赤褐色。飛羽內瓣褐色。腮黃褐色。喉、胸、腹污灰色，腹側和尾下覆羽淡赤褐色。喙黑色。跗蹠黃褐色。

生態習性

　　棲息於中低海拔山區300至2,000公尺的闊葉樹和次生林中，性羞怯，多隱匿於底層植被，不易見到，但因叫聲響亮婉轉、遠處可聞，因此常可發現其存在。

　　雜食性，食物包括各種昆蟲、蠕蟲和植物的果實、種子。

　　繁殖期4至6月，築巢於地面或接近地面的植叢間，巢材為芒草葉及花穗等，巢為橢圓形，開口在側旁，窩蛋數為2至3顆，白色，散布有黑褐色污斑。

鳥喙較尖細

▲ 海南亞種

▲ 華南亞種

保育狀況 🔵

頭烏線在台灣的種群數量尚稱普遍，無生存危機。

繡眼畫眉（繡眼雀鶥、灰眶雀鶥）

眼睛周圍有一圈白色細羽

胸、腹淡黃褐色。

跗蹠肉黃色

相關種類及分布

　　台灣特有種。

　　全世界僅分布於台灣。近緣種為分布於印度東
北、尼泊爾、緬甸至中國西南的尼泊爾繡眼畫眉
（*A. nipalensis*）及分布於越南、泰國、馬來半島的
山繡眼畫眉（*A. peracensis*）。

A. morrisonia

科名 噪鶥科 Leiothrichidae	**學名** *Alcippe morrisonia*
英名 Grey-cheeked Fulvetta, Morrison's Fulvetta	**同種異名** 無

外形特徵

　　雌雄外形相似。額、頭至後頸暗鼠灰色，兩側各有一條黑褐色縱紋，眼圈白色，顏臉部至側頸鼠灰色。背、腰、尾上覆羽、翼羽和尾羽等為黃褐色，飛羽內瓣暗褐色。腮、喉灰白色，胸、腹淡黃褐色，中央白色，尾下覆羽淡黃褐色。喙黑褐色，跗蹠肉黃色。

生態習性

　　棲息於中低海拔闊葉林及針闊葉混合林，偶爾會在高海拔出現。台灣在全島各地林區，自平原至海拔2,800公尺的高山都可見其蹤跡，為森林內混群的主要鳥種。數量眾多，是台灣最容易發現的噪鶥科鳥類。其眼睛周圍有一圈白色細羽，恰似常見的綠繡眼，因而得名。非繁殖期常與其它小型鳥類如山紅頭、綠畫眉、灰喉山椒等混群，混群中以本種的數量最多，並領導群鳥覓食和活動，如遇天敵，常率先發出警戒聲，使鳥群能立即逃避。

　　雜食性，以昆蟲、果實和種子為食。

　　繁殖期4至7月，築巢於灌叢中，以枯樹葉、草莖、樹皮或草根等為巢材，編織成碗形巢，利用蜘蛛絲配合乾草，將巢固定在樹上，再內襯以枯葉。窩蛋數3至4顆。乳白色，赤紫色污斑集中在鈍端。

▲ 山繡眼畫眉　　　　　　▲ 尼泊爾繡眼畫眉

保育狀況 🄻🄲

在台灣為普遍的留鳥，種群數量甚為普遍，各地林區都很容易見到其蹤跡，無生存危機。

沒有白色眉斑和白色眼眶，
與其它畫眉明顯不同。

腮、喉和上胸橙黃色。

下胸和腹鼠灰色

▲ 台灣畫眉

相關種類及分布

　　台灣特有種。

　　原本被認為是大陸畫眉（*G. canorus*）的一個亞種，近來透過分子生物學研究，將台灣亞種提升為種。台灣畫眉沒有白色眉斑和白色眼眶，與其它畫眉明顯不同。

科名 噪鶥科 Leiothrichidae	學名 *Garrulax taewanus*
英名 Taiwan Hwamei	同種異名 無

外形特徵

　　雌雄外形相似。額至後頸黃褐色,各羽羽軸黑色,連成縱線,體背面包括背、肩、腰、翼、飛羽和尾上覆羽橄欖色。初級飛羽外瓣淡褐色。尾羽暗褐色,有10幾條橄欖褐色橫帶。腮、喉和上胸橙黃色,各羽羽軸黑褐色,下胸和腹鼠灰色,下腹和尾下覆羽橙黃色。喙黃褐色,跗蹠肉色。

生態習性

　　棲息於低海拔濃密灌叢,少數的生活範圍可延伸至海拔1,000公尺。多單獨行動,冬季則有集小群的現象。活動於樹枝間或灌叢間跳躍覓食,從來不作遠距離飛行。善鳴唱,會模仿其它鳥類聲音。

　　食性為雜食性,啄食各種昆蟲和蟲蛋為主,也兼食植物的果實、種子。

　　繁殖期在3至8月,築巢於濃密的芒草或灌木叢中。巢為碗狀,由雌雄鳥合力選取芒草葉、細樹根和其它樹葉編織而成。一窩產蛋3至5顆,蛋為翠藍色,無污斑,帶有少許光澤。雛鳥由親鳥共同撫育。

▲ 大陸畫眉

保育狀況 🅴 保育類II

因擅長鳴唱,是寵物鳥的熱門鳥種,獵捕的壓力一直很大。1970年代政府實施全面禁獵之後,喜歡籠鳥者乃自香港引進大陸亞種的畫眉,並將一些不擅鳴唱的雌鳥釋放於野外,結果與台灣畫眉雜交,產生了許多雜交的子代。屬國內保育類野生動物第二級——珍貴稀有保育類野生動物。

台灣白喉噪鶥（白喉噪鶥、白喉笑鶇）

胸部有一條橄欖褐色橫帶

尾羽為棕褐色

相關種類及分布

台灣特有種。

近緣種為分布於喜馬拉雅山區、中國中部、西南部的白喉噪鶥（*P. albogularis*），二者外形體態相似，但台灣白喉噪鶥有栗紅色的頭部羽毛較為顯目。

P. ruficeps

科名	噪鶥科 Leiothrichidae	學名	*Pterorhinus ruficeps*
英名	Rufous-crowned Laughingthrush	同種異名	無

外形特徵

　　雌雄外形相似。頭頂及後頸栗紅色，眼先黑色，喙黑色。喉、上胸白色，胸部有一條橄褐色橫帶。背、翼及尾羽為棕褐色，左右各四枚外側尾羽的中後段白色。腹部淡黃色，尾下覆羽白色，跗蹠褐色。

生態習性

　　棲息於中高海拔之原始闊落林的中、上層。性喧嘩、吵雜，常穿梭於濃密之枝椏間，非繁殖期有集群的現象，冬季會降遷。

　　雜食性，常見在地面覓食，食物包括植物的種子、果實、新芽和多種昆蟲。

　　台灣尚無繁殖的觀察紀錄。

栗紅色的頭部羽毛較為顯目

▲ 白喉噪鶥

保育狀況 (NT) (保育類II)
不普遍留鳥，屬國內保育類野生動物第二級——珍貴稀有保育類野生動物。

棕噪鶥（竹鳥）

眼周圍藍色

眼後黑色

喙黑色，先端黃色。

相關種類及分布

　　台灣特有種。

　　近緣種為分布於華南的栗色噪鶥（*P. berthemyi*）。
栗色噪鶥外形略大於棕噪鶥，腹部體色較淡。

P. poecilorhyncha

科名 噪鶥科 Leiothrichidae	學名 *Pterorhinus poecilorhyncha*
英名 Rusty Laughingthrush	同種異名 無

尾下覆羽白色

外形特徵

雌雄外形相似。身體大致呈栗褐色，頭頂有橫向細紋，羽緣黑色，呈鱗片狀。眼周圍藍色，眼後黑色。肩、背、腰、尾上覆羽和翼覆羽等橄欖褐色，腮黑色，胸與背色同，腹暗灰色，尾下覆羽白色。喙黑色，先端黃色。

生態習性

棲息於中海拔樹林底層或灌叢，常成小群於森林底層活動，性羞怯懼人，會模仿其他鳥種的叫聲。雜食性，以啄食昆蟲為主，也吃植物的果實和種子。繁殖期4至6月，築巢於矮低喬木枝椏上，一窩產蛋2至3顆，青色，無任何斑點。雛鳥由親鳥輪流餵養。

▲ 栗色噪鶥

保育狀況 LC 保育類II

不普遍的留鳥，屬國內保育類野生動物第二級——珍貴稀有保育類野生動物。

金翼白眉（台灣噪鶥、玉山噪鶥）

眉紋白色

顎線白色

相關種類及分布

台灣特有種。

該屬（圓翅噪鶥屬 *Trochalopteron*）19種中，唯一分布於島嶼者，也是台灣體型最大，海拔分布最高的噪鶥科鳥類。外形和分布於西藏、雲南的純色噪鶥（*T. subunicolor*）及分布於西藏、雲南、華中、華南的藍翅噪鶥（*T. squamatus*）相似，三者背部及胸部均具有明顯鱗狀斑，且翅膀橙黃色。

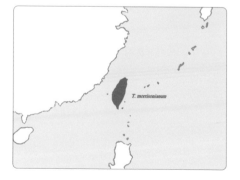

科名 噪鶥科 Leiothrichidae	學名 *Trochalopteron morrisonianum*
英名 White-whiskered Laughingthrush	同種異名 無

翅膀橙黃色

外形特徵

　　雌雄外形相似。頭頂、後頸灰色，頭頂具白色鱗斑。眉紋、顎線白色，虹膜褐色，喙淡黃色。背部大致為橄欖褐色，飛羽鼠灰色，前緣金黃色。尾羽鼠灰色，外側基部金黃色。臉、頸側、喉至胸暗栗色，腹部為橄欖褐色，尾下覆羽暗栗色，跗蹠暗肉色。

生態習性

　　棲息於2,000至3,700公尺中高海拔樹林底層或灌叢。亦常見於山路小徑和登山小屋旁的垃圾堆。冬天有時會降遷至海拔1,500公尺的山區。

　　少長距離飛行，跳躍時動作輕巧，尾部上下擺動，似松鼠。多成對活動，即使在非繁殖期亦然。

　　雜食性，以無脊椎動物為主，也啄食植物的果實和遊客丟棄的米飯、麵包。合歡山區族群已經習慣民眾的餵食，並俟機叼啄垃圾殘渣，與岩鷚、台灣朱雀統稱「合歡三寶」。

　　一夫一妻制，繁殖期4至7月，築巢於靠近地面之樹枝、灌叢，巢由嫩枝、箭竹葉、芒草、地衣和草的細根編織成碗狀。窩蛋數2顆，淡青色，有灰黑色污斑，鈍端污斑較濃密。孵蛋期13至15日，雌雄親鳥皆參與築巢、孵蛋、孵雛、育幼和照顧已離巢幼鳥的工作。

保育狀況 Ⓛ🄲

普遍留鳥。目前沒有生存危機的壓力。

白耳畫眉（白耳奇鶥）

下背、腹、腰及尾下覆羽橙褐色。

相關種類及分布

　　台灣特有種。

　　全世界6種奇鶥屬鳥類，只有白耳畫眉有白色過眼線。

H. auricularis

科名 噪鶥科 Leiothrichidae	學名 *Heterophasia auricularis*
英名 White-eared Sibia	同種異名 無

白色過眼線明顯，向後延伸成飾羽。

外形特徵

　　雌雄外形相似。自額至後頭黑色有閃亮光澤，白色過眼線明顯，向後延伸成飾羽，故名白耳。喙黑色，喉至上胸、後頸至上背為灰黑色，翼黑色，飛羽外緣灰白色。下背、腹、腰及尾下覆羽橙褐色。尾黑色，中央一對最長、左右對稱，末端灰白色，跗蹠褐色。

生態習性

　　棲息於海拔1,000至2,400公尺的闊葉樹林和針、闊葉混合林，也會在人工林活動。單獨活動居多，有時也見3至5隻小群穿梭於枝椏間，或在樹枝上跳躍活動。冬季會降遷至低海拔丘陵地帶。

　　雜食性，在樹上啄食花蜜、果實，以及各種昆蟲。

　　繁殖期7至8月，將巢築在高樹樹稍，巢碗形，隱密，直到2004年才在南投梅峰首見其繁殖行為。此窩有兩顆蛋，純白。由雌、雄親鳥輪流孵蛋及育雛，雛鳥在孵化後約2週離巢。

保育狀況 LC 保育類III

普遍留鳥。目前沒有生存危機的壓力。屬國內保育類野生動物第三級——其他應予保育之野生動物。

黃胸藪鶥（藪鳥、黃痣藪鶥）

眼先具黃斑

胸至腹部橄欖黃色

科名 噪鶥科 Leiothrichidae	學名 *Liocichla steerii*
英名 Steere's Liocichla	同種異名 無

相關種類及分布

台灣特有種。

同屬外形相似的種類為分布於中國四川峨嵋山的特有種——灰胸藪鶥（*L. omeiensis*）；以及分布於印度東北，直到2006年才發表的新種——布崗藪鶥（*L. bugunorum*）。

外形特徵

雌雄外形相似。額黃黑雜紋，頭頂至後頸石板灰色，過眼線黑色，眼先具黃斑，虹膜深褐，眉紋黑而後端黃。背部至腰灰色。初級飛羽黑色，前緣黃色，次級飛羽栗色，羽端灰黑色。胸至腹部橄欖黃色。尾下覆羽鮮黃色，羽軸黑色。方形尾為橄欖黃色，末端黑色，羽緣白色，跗蹠褐色。

生態習性

棲息於1,000至2,800公尺中高海拔之針葉林或針闊葉混合林。冬季有降遷行為。性沉穩機警，不怕人，可近距離觀察。常三、五成小群在林緣開闊的矮叢中聒噪喧囂，雌雄鳥有二重唱行為（Duet），公鳥多發出「嘰—啾」，母鳥則以「嘰、嘰、嘰」回應。

雜食性，食物的範圍相當廣泛，包括果實、各種昆蟲與其它無脊椎動物，甚至遊客丟棄的各種食物。

一夫一妻制，繁殖期3至7月，築巢於低矮灌叢，巢碗狀，由苔蘚、芒草葉、花穗及草根等材料編織而成。窩蛋數3至4顆，淡乳青色，有灰紫色底的褐色斑。孵化期約16天，由親鳥共同餵養，雛鳥約20天可以離巢。

保育狀況 LC 保育類III

普遍留鳥。目前黃胸藪鶥在台灣的種群數量甚為普遍，未見有減少的趨勢。屬國內保育類野生動物第三級——其他應予保育之野生動物。

台灣斑翅鶥（紋翼畫眉、栗頭斑翅鶥）

頭部栗褐色

爪纖細而強有力，能如茶腹鳾般
在樹幹上爬行。

科名 噪鶥科 Leiothrichidae	學名 *Actinodura morrisoniana*
英名 Taiwan Barwing	同種異名 無

相關種類及分布

台灣特有種。

7種斑翅鶥屬（*Actinodura*）中，唯一分布於島嶼，也是台灣噪鶥科鳥類中較不擅於鳴唱者。近緣種為分布於中國西南的灰頭斑翅鶥（*A. souliei*）。

外形特徵

雌雄外形相似。頭部栗褐色，喙黑褐色，上背雜有白色和褐色縱紋，肩、腰及尾上覆羽栗褐色。小翼羽黑色，邊緣灰色；初級覆羽栗褐色，飛羽外瓣有黑色和栗色相間的橫斑，內瓣暗褐色。尾羽為黑色和栗色相間的橫斑，後端轉為黑褐色，兩側末端灰白色。胸、頸的體色與上背同，腹和尾下覆羽赤褐色。跗蹠肉色。

生態習性

棲息於1,700至2,800公尺中海拔山區的闊葉樹林和針、闊葉混合林。動作不甚靈活，警覺性不高，常見5至6隻成小群穿梭於樹林的中、上層活動，不做遠距離的飛行，也不與它種鳥混群。爪纖細而強有力，能如茶腹鳾般在樹幹上爬行。冬季有降遷行為。

雜食性。啄食附著於樹幹或枝條上的各種昆蟲、蟲蛋以及果實。

繁殖期從4月開始，曾被記錄到巢築在樹上20公尺高的位置，以樹葉、松蘿等為巢材。尚無完整繁殖觀察紀錄。

保育狀況 🔵 保育類III

不普遍留鳥。種群數量不大，國內保育類野生動物屬第三級——其他應予保育之野生動物。但因為受全球暖化影響，建議優先監測目標（丁宗蘇，2014）。

火冠戴菊（台灣戴菊）

雄鳥頭頂黑色，頭中央橘色。

粗寬的白色眉線從前額延伸至頸側

翼黑色有黃綠色羽緣，有一條明顯的白色翼帶。

▲ 成鳥♂

▲ 成鳥♀

相關種類及分布

台灣特有種。

全世界有6種戴菊科鳥類，2種分布在北美（紅頂戴菊*R. calendula*及金冠戴菊*R. satrapa*），2種分布在歐洲（馬德拉島戴菊*R. madeirensis*及普通火冠戴菊*R. ignicapilla*），1種歐亞洲皆有分布（戴菊*R. regulus*），最後1種就是台灣特有種火冠戴菊，僅分布在台灣本島，又稱台灣戴菊。馬德拉島戴菊和台灣戴菊一樣都是侷限分布的島嶼鳥類。為台灣高海拔針葉林中的代表性鳥種，又名火冠戴菊鳥。台灣戴菊是全世界6種戴菊科類中最晚被發現命名、體色最美麗的一種。

R. goodfellowi

科名 戴菊科 Regulidae	學名 *Regulus goodfellowi*
英名 Taiwan Flamecrest	同種異名 無

外形特徵

雄鳥頭頂黑色，頭中央橘色，臉部有明顯的黑色眼圈，粗寬的白色眉線從前額延伸至頸側，顎線細黑，後頸至頸側灰色，背部淺橄綠色，腰部黃綠色，翼黑色有黃綠色羽緣，有一條明顯的白色翼帶；腹面灰白色，體側黃色；雄鳥激動時，會豎起顯眼的橘色頭冠。雌鳥大致似雄鳥，但頭頂中央黃色。喙黑色，跗蹠及趾黃褐色。

▲ 戴菊日本亞種

生態習性

棲息於中高海拔山區針葉林或針闊葉混合林；尤其在高海拔山區之鐵杉，或冷杉林中，極為普遍。火冠戴菊公鳥頭上是橘紅色羽毛，開冠時就像一抹火焰，宛如戴上一朵盛開的菊花，因此得名「火冠戴菊」。火冠戴菊的冠羽在求偶或遇刺激時才會豎起。活躍好動，常忽左忽右，忽上忽下；常倒吊啄食或飛啄覓食；會與其他鳥類混群，如山雀、畫眉。冬季會聚集成數十隻的大群。部分降遷至中海拔山區越冬。

食性以細枝與樹葉上的昆蟲為食。

繁殖期在4至8月，築巢於冷杉或鐵杉等針葉樹上，離地約1至2公尺高的箭竹叢中。巢材主要為苔蘚及松蘿，巢內襯墊以羽毛及少許尼龍絲線。每窩產蛋3至4顆，蛋為白色底，透出粉肉色澤，孵出後19至20天離巢。

保育狀況 🆕 保育類III

普遍留鳥。族群暫無迫切生存壓力，國內保育類野生動物屬於第三級——其他應予保育之野生動物。

茶腹鳾（五十雀）

頭部有黑色過眼線，延伸至頸側。

脇及尾下覆羽栗色

相關種類及分布

　　台灣特有亞種。

　　本種共有16個亞種，廣泛分布於整個歐亞大陸，台灣是其分布的東南極限。棲息於台灣的茶腹鳾是台灣特有亞種*formosana*，也是古北界孑遺鳥種，偏好冷溫帶森林。鄰近亞種為分布於中國華中、華北、廣東的華東亞種*sinensis*，分布於俄羅斯遠東地區、中國東北、朝鮮半島、日本九州以北的黑龍江亞種*amurensis*，以及分布於日本九州以南的九州亞種*roseilia*。

科名	鳾科 Sittidae	學名	*Sitta europaea formosana*
英名	Eurasian Nuthatch	同種異名	無

外形特徵

雌雄同型。體長約12公分，雄鳥略大於雌鳥。眼暗褐色，喙尖細、黑色，下喙基部鉛白色。頭部有黑色過眼線，延伸至頸側。頭部眼線以上及背面大致為藍灰色，飛羽及尾羽黑褐色。尾羽外側末端白色。腹面淡黃褐色，脇及尾下覆羽栗色。趾三前一後，後趾與中趾等長，腳灰褐色。

生態習性

棲息於中、高海拔闊葉林或針闊葉混合林等森林環境。個性活潑，行動敏捷，可以在樹幹上下左右行走。常單獨或跟其他小型鳥類混群活動。

雜食性，在樹幹隙縫中搜尋昆蟲，有時也食用嫩葉及種子。

每年2至8月為繁殖期，以樹洞為巢或利用啄木鳥、人工巢箱為巢，有裝飾巢體之習性，或以泥漿封縮巢口。窩蛋數4至5顆，由雌鳥獨力孵蛋，孵化後雌雄共同育雛。

▲ 黑龍江亞種

保育狀況

普遍留鳥。非保育類。

鷦鷯

上喙黑色，下喙黃褐色。

體型圓胖

相關種類及分布

台灣特有亞種。

本種分為41個亞種，廣布於北半球溫帶地區，包括歐亞大陸、非洲西北部、阿留申群島、千島群島、日本、台灣、北美洲。*taivanus* 分布於台灣，為台灣特有亞種。鄰近亞種為分布於中國青海至華北的普通亞種*idius*（英名 Northern Wren），此亞種會往華南等地方度冬。

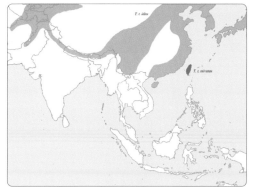

科名 鷦鷯科 Troglodytidae	學名 *Troglodytes troglodytes taivanus*
英名 Eurasian Wren	同種異名 無

尾短往上翹

外形特徵

　　雌雄外形相似。全身大致為暗褐色，體型圓胖，虹膜褐色，有不明顯的黃褐色眉線。喙細，上喙黑色，下喙黃褐色。全身大致為栗褐色，翼短。背、腹部有黑褐色橫斑。尾短往上翹，尾下覆羽灰色，雜有白點。腳褐色。

生態習性

　　棲息於 2,500公尺以上的高海拔森林與草地。棲息於高海拔接近森林上限的森林底層、林緣、草地、灌叢、箭竹叢、開墾地等。於地面植被底層、枯朽倒木旁活動覓食，也偏好潮濕近水處。性隱密，常可聽到鳴唱而不易見。鷦鷯並無明顯的海拔降遷現象。

　　食性以小型昆蟲、蜘蛛為主食，也攝食少量漿果與草籽。在植被底層及地面潛行及跳躍覓食，也經常在朽木及大樹下層的樹皮啄食。

　　繁殖季為6至7月，築巢於樹根凹洞、路旁土壁凹洞內，巢呈圓球形，側面開口。巢材為苔蘚、地衣、植物細枝葉、羽毛等。窩蛋數3至5顆，白色具小紫褐色斑，孵化期約16天，雛鳥14至19天離巢。雌鳥孵蛋。本種在國外經常行一夫多妻制，國內尚無相關的觀察。

保育狀況 ⓘ

鷦鷯在台灣為普遍的高山留鳥，國內保育等級屬一般類。但因為受全球暖化影響，以往在塔塔加尚稱普遍的族群，近年經調查發現該地族群幾乎已然消失，建議優先監測目標（丁宗蘇，2014）。

八哥

相關種類及分布

台灣特有亞種。

本種分為3個亞種，分布於中國南方、海南島、中南半島北部、台灣。台灣特有亞種*formosanus*與分布於中國南部及東部的指名亞種*cristatellus*，及分布於海南島、中南半島的海南亞種*brevipennis*比較，台灣特有亞種體型略小，額部冠羽略長，背部帶有光澤。海南亞種*brevipennis*尾羽端下面白斑較大。

成鳥額羽聳立於喙基上如冠羽

翼上有白斑，飛行時很明顯。

▲ 八哥

科名 八哥科 Sturnidae	學名 *Acridotheres cristatellus formosanus*
英名 Crested Myna	同種異名 無

外形特徵

雌雄外形相似。全身黑色，虹膜橘黃色，喙象牙色，上喙基部長有黑色羽簇。額部羽毛上豎成羽冠狀。翼上有白斑，飛行時很明顯，尾下覆羽黑白相間，尾羽末端為白色。成鳥額羽聳立於喙基上如冠羽，全身幾為純黑色，頭頂、頰、枕及耳羽如矛狀。幼鳥額羽不明顯，背面和兩翼為淺褐色，翼上白斑與成鳥相同。尾羽黑褐色。頦及喉灰褐色，胸以下及兩脇為淺棕褐色，尾下覆羽黑褐色，具棕白色羽端。跗蹠橙黃色。

▲ 海南亞種

生態習性

棲息於低海拔之空曠地、疏林與農耕地，常見於高速公路的護欄、燈架、電線及農田的牛背上。喜站立電線、樹梢鳴叫，有時也會模仿其他鳥種叫聲。智商高，同類間可以藉聲音簡單溝通。群聚性，常常三五成群的活動，但即使在大群中，成對的鳥仍然維持在一起。經常有鞠躬的動作，單獨或成對時都會做出這個動作。

雜食性，攝食昆蟲、果實，也會採食腐物，常在垃圾堆附近覓食。

繁殖期為3至7月，喜歡在牆壁裂縫或電線桿頂端築巢（外來種八哥喜歡在路燈管洞築巢），巢墊以羽毛、樹葉、乾草、紙張等。一季可育兩窩。一夫一妻制，窩蛋數3至5顆，蛋為淡藍或藍綠色，有時也會有全白的蛋，無斑點。孵化期約14天，育雛期約21天。

保育狀況 EN 保育類II

普遍留鳥。但目前其生態區間受到外來種八哥的入侵。由於受到外來種八哥的競爭威脅，在野外於近幾十年間快速減少中，國內保育類野生動物屬第二級——珍貴稀有保育類野生動物。

白頭鶇（島鶇、白頭仔）

雌鳥頭部黑褐色，有明顯白色眉紋。

雄鳥頭部、頸、喉為白色

相關種類及分布

　　台灣特有種。

　　2021年由特有亞種提升為台灣特有種，相近種類約50種，廣泛分布於東南亞、新幾內亞以及太平洋諸島，是現今鳥類中最獨特的一群島嶼鳥類。本種雌雄外形相異，有學者推測是最早進入台灣之菲律賓系鳥類。近緣種為分布於呂宋島北部的呂宋島鶇（*Turdus poliocephalus thomassoni*）。

T. niveiceps

科名 鶇科 Turdidae	學名 *Turdus niveiceps*
英名 Taiwan Thrush	同種異名 無

外形特徵

雌雄外形相異。雄鳥頭部、頸、喉為白色，體背的頸側、後頸、背部包括翼及尾皆為黑色。雌鳥頭部黑褐色，有明顯白色眉紋。黑褐色過眼線延伸至頸側，頰至喉部污白色，並密布黑斑，背部深黃褐色，腹部棕色。亞成鳥雄鳥頭黃色。虹膜褐色，喙黃色，跗蹠及趾黃褐色。

生態習性

棲息於全島海拔1,100至3,000公尺的山區針、闊葉混合林。喜小群活動，清晨和黃昏較為活躍，數量稀少，為台灣「接近受威脅」等級的鳥種。台中鞍馬山較容易觀察到牠們，當山桐子盛產時，常吸引牠們來採食。食性以昆蟲為主，冬季亦食用果實與種子。

繁殖期為5至7月，在樹枝或筆筒樹上築巢，以芒草葉、草莖、細樹枝及柔軟的葉子為材料。窩蛋數2至3顆，蛋橢圓形，淡綠，密布著黑褐色斑紋，尤以鈍端最密。孵化期約18天，雛鳥約17至19天可以離巢。

▲ 呂宋島鶇

保育狀況 NT 保育類II

稀有留鳥。族群數量不普遍，估計數量約在2,500隻以下，對其生態習性仍了解不多。屬國內保育類野生動物第二級──珍貴稀有保育類野生動物。

黃腹琉璃（黃腹仙鶲、棕腹藍仙鶲）

雄鳥胸、腹及尾下
覆羽濃橙黃色。

雌鳥眼環
淡棕色

▲ 成鳥♀

▲ 成鳥♂

相關種類及分布

　　台灣特有亞種。

　　本種分為2個亞種，*vivida*為台灣特有亞種，亦是指名亞種；另一西南亞種*oatesi*廣泛分布於中國西南、西藏東南、阿薩姆、緬甸東部及北部、寮國及越南北部，西南亞種鳥喙及尾羽均較台灣特有亞種略長。台灣特有亞種並不會作長程遷徙，西南亞種有些個體冬天會遷徙至中南半島北部；2個亞種冬天均會沿海拔高度垂直遷徙。

　　二亞種間的形態（西南亞種體型略大）、鳴聲都呈現出不同的地理變異。另外，於冬季或候鳥過境期間，有時可以在森林底層或地面發現二種與黃腹琉璃外形極為相似的迷鳥：棕腹大仙鶲（*Niltava davidi*）及棕腹仙鶲（*Niltava sundara*），此二者覓食習性異於黃腹琉璃，黃腹琉璃較偏好樹林的中上層。

科名　鶲科 Muscicapidae	學名　*Niltava vivida vivida*
英名　Vivid Niltava	同種異名　無

外形特徵

雌雄外形相異。雄鳥喙黑色，虹膜褐色，背面為靛藍色，頭、腰、尾上覆羽顏色較濃艷，前額、臉及喉黑色，覆羽靛藍色，飛羽黑色、外緣靛藍色，胸、腹及尾下覆羽濃橙黃色。中央尾羽靛藍色，其餘尾羽黑色、外緣靛藍色，跗蹠暗褐色。雌鳥喙黑色，虹膜褐色，眼環淡棕色，頭上暗灰色，背及腰橄欖褐色，飛羽及尾羽暗褐色，喉、胸黃褐色，脇灰褐色，腹部中央白色，尾下覆羽黃褐色，跗蹠暗褐色。雄性亞成鳥體色較雄性成鳥淡，頭部暗褐色密布淡色斑點，背藍色雜有褐色羽毛。雌性亞成鳥背面黃褐色，喉淺棕色，眼環淡棕色，其餘類似雌性成鳥。

生態習性

棲息於海拔1,000至2,400公尺山區闊葉林或針闊葉混合林，喜愛闊葉樹林的中上層，甚少停棲於針葉樹上。冬季會降遷。

食性以昆蟲、果實為食，尤其山桐子成熟時，常吸引牠們前來覓食。

繁殖期為4至8月，多築巢於岩壁或樹幹縫隙，窩蛋數2至4顆，孵蛋期約14天，育雛期約15天。

▲ 西南亞種

保育狀況 LC 保育類III

由於其羽色亮麗、鳴聲悅人，因此仍有獵捕壓力，屬國內保育類野生動物第三級——其他應予保育之野生動物。

台灣短翅鶇（小翼鶇）

白色眉斑甚為醒目

雌雄鳥同型

相關種類及分布

　　台灣特有種。

　　由於羽色與鳴聲，皆和其他近緣種有明顯差異（台灣短翅鶇雌雄鳥同型，其他相關種類多數雌雄鳥異型），而且是該種最古老的族群，已經在2018年由特有亞種提升為台灣特有種。分布於中國貴州、廣西、福建的近緣種，藍短翅鶇華南亞種（*B. montana sinensis*），雌雄異型，雄鳥暗碧藍色，雌鳥體色較台灣短翅鶇雌鳥淡。其餘近緣種多數屬於島嶼種類，均分布在菲律賓及印尼各島嶼上，亦為該島嶼的特有種類。

B. goodfellowi

科名 鶲科 Muscicapidae	學名 *Brachypteryx goodfellowi*
英名 White-browed Shortwing	同種異名 無

外形特徵

雌雄外形相似。全身大致為橄欖褐色，白色眉斑甚為醒目，喙黑色。翼短，僅至尾羽基部。腹部淡橄欖褐色，腹部中央近白色，尾下覆羽赤褐色。跗蹠褐色。

生態習性

棲息於1,000至2,500公尺山區濃密的樹林底層，生性極為隱密，很不容易見其露臉。鳴聲響亮。

食性以昆蟲為主食，亦攝取少數果實。

繁殖於5至6月，築巢於濃密草叢中，以苔蘚、草莖為巢材，窩蛋數3顆。蛋呈橢圓形，白底，略帶褐色。繁殖期雄性白眉斑會擴張，雌性則較纖細。

雄鳥暗碧藍色

▲ 藍短翅鶇華南亞種♂

保育狀況 🆔

普遍留鳥。國內保育等級屬一般類。但因為受全球暖化影響，建議優先監測目標（丁宗蘇，2014）。

台灣紫嘯鶇

全身呈藍黑色

跗蹠及趾黑色

相關種類及分布

　　台灣特有種。

　　僅見於台灣。近緣種為分布於中國中部、東部的中國紫嘯鶇（*M. caeruleus*）。全世界9種嘯鶇屬（*Myophonus*）鳥類有6種只分布在島嶼上。

M. insularis

科名 鶲科 Muscicapidae	學名 *Myophonus insularis*
英名 Taiwan Whistling-Thrush	同種異名 無

外形特徵

　　雌雄外形相似。全身呈藍黑色，虹膜紅色，喙黑色，基部具剛毛。腰部各羽羽基白色。尾羽紫黑色，喉、胸黑色，各羽羽緣為閃光藍色，呈鱗片狀。腹和尾下覆羽黑色，脇及下腹各羽羽基白色。跗蹠及趾黑色。

生態習性

　　棲息於於海拔2,000公尺以下的山澗溪流附近，亦常單獨出現在溪流旁潮濕林地，或是郊區建築物。初春開始，凌晨3、4點，即可聽到其高昂如腳踏車煞車般的「嗞 …」聲，似乎在為進入繁殖期而占有領地準備求偶。

　　食性以無脊椎動物的昆蟲為主。

　　一夫一妻且終生配對，繁殖季為3至9月，以草莖、蘚苔為巢材，築巢於岩壁隙縫、橋樑下、隧道、建築物外圍或樹洞中。窩蛋數2至4顆，蛋淡粉紅色，有紅褐色疏斑。孵化期12至18天，由雌鳥獨立完成，雄鳥不參與孵蛋的工作，但會帶食物給孵蛋中的雌鳥。雛鳥約20天可以離巢。

▲ 中國紫嘯鶇指名亞種

保育狀況 🄻🄲

台灣紫嘯鶇尚稱普遍，無特別的獵捕的壓力，族群數量並沒有減少的趨勢。國內保育等級屬一般類。

小剪尾（小燕尾）

額、頭頂前部白色

停棲及行進時尾羽會
不停地快速張合擺動

相關種類及分布

台灣特有亞種。

本種分為2個亞種。鄰近亞種為廣泛分布於天
山西部、帕米爾、阿爾泰至喜馬拉雅山區、華中、
華南、阿薩姆、緬甸西部、越南西北部的指名亞種
scouleri。台灣特有亞種*fortis*體型稍大，成鳥前額
白色部分可能較*scouleri*多，但此二個特徵仍然薄
弱，需要有更多研究加以證實。

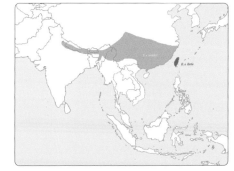

科名 鶲科 Muscicapidae	學名 *Enicurus scouleri fortis*
英名 Little Forktail	同種異名 無

外形特徵

雌雄外形相似。額、頭頂前部、背的中部和尾上覆羽白色，背面的其餘部分為深黑色。中央尾羽黑色，而基部白色，外側尾羽的白色逐漸擴大，至最外側尾羽幾乎為純白色而僅具黑端。跗蹠肉色。幼鳥羽色較灰，額非白色，為灰黑色。

生態習性

棲息於中高海拔山區溪澗、瀑布等森林邊緣或森林底層，停棲及行進時尾羽會不停地快速張合擺動，因此得名小剪尾。受到驚嚇會低空疾飛，竄入附近樹叢，並發出尖銳叫聲。棲於林中多岩的湍急溪流，尤其是瀑布周圍。因分布與食性與鉛色水鶇重疊性高，常受到鉛色水鶇的強勢驅趕，競爭上屬於弱勢者，加上對環境的要求高，喜歡生活在乾淨的上游水域或山澗溪流的源頭處，是良好的環境指標鳥。

食性以溪流環境的昆蟲等無脊椎動物為主。

繁殖期約在6至7月間。巢築於溪邊岩石縫隙，巢呈碗狀以苔蘚和草根等材料編織而成。

白色部分較小

▲ 指名亞種

保育狀況 VU 保育類II

人為因素造成的污染與破壞，以及大量引用溪水作為經濟作物的灌溉之用，更使小剪尾的生存備受壓力。屬國內保育類野生動物第二級——珍貴稀有保育類野生動物。

白尾鴝（白尾藍地鴝）

雄鳥全身大致為深藍色

雌鳥體羽為褐色

▲ 成鳥♀

▲ 成鳥♂

相關種類及分布

台灣特有亞種。

本種分布於喜馬拉雅山區中部及東部、阿薩姆、緬甸、華中、中南半島、泰國東南部、海南島及台灣。共有3個亞種，其中分布於喜馬拉雅山區中部以東至緬甸、華中、中南半島中、北部及海南島的指名亞種 *leucura*，在部分地區是候鳥，在台灣是罕見過境鳥。台灣特有亞種 *montium* 和越南亞種 *cambodiana* 則為當地留鳥。指名亞種的體型稍大於台灣特有亞種，額頭、翼角的螢光藍略小，正面抬頭時，可見胸兩側有白點（台灣特有亞種則無）。

科名 鶲科 Muscicapidae	學名 *Myiomela leucurum montium*
英名 White-tailed Blue Robin	同種異名 *Cinclidium leucura*

外形特徵

雌雄外形相異。雄鳥除了額及肩部為銀藍色，頰、腮、喉黑色外，全身大致為深藍色，雌鳥體羽為褐色，亞成鳥似雌鳥，但具淡黃色鱗斑。虹膜褐色，喙黑色。尾羽除了中央尾羽全黑外，其他尾羽外瓣基部有面積不等的白斑，張開時，極為明顯。跗蹠黑色。

生態習性

棲息於海拔2,300公尺以下中低海拔森林、溪流邊之闊葉林中，亦見於茂密的次生林、人工林及林緣的開墾地。通常單獨活動於濃密矮叢或林下低枝間。性隱匿，不易見，多於林道邊陰暗的地面安靜覓食或佇立林緣低矮枝頭上，遇危險即竄入林中。少作長距離飛行。警戒或鳴唱時，常將尾羽張成扇形，高高舉起再緩緩放下，露出醒目的白色尾斑。雄鳥在繁殖期常佇立森林內的低枝上，唱出「mi⋯do re mi，mi⋯do re mi」，類似高音提琴帶點金屬聲的甜美旋律，並一再反覆吟詠。雌鳥則為近乎敲打鐵片的簡單單音「ding、ding、ding、、」，約兩秒鐘一聲，節奏穩定。冬天有明顯降遷行為。

食性以森林底層昆蟲等無脊椎動物為食。

繁殖期為4至7月。巢築於陰暗的林下岩壁、土坡的草叢基部或樹根邊，以枯葉、乾草、芒穗、苔蘚等材料編織成高碗狀的巢，窩蛋數3至4顆。

保育狀況 🅛🅒 保育類III

白尾鴝在其適當的棲息範圍內，族群數量尚稱穩定，同時並非人為獵捕的目標鳥種，目前對其種群的生存尚無立即的威脅。屬國內保育類野生動物第三級——其他應予保育之野生動物。

白眉林鴝

雄鳥頭部石板黑色，
有白色眉斑。

背、翼及尾羽石板色，陽光下
呈現藍色光澤。

▲ 成鳥♂

相關種類及分布

　台灣特有亞種。

　種分為3個亞種，分布於中國西南的西藏、四川、
雲南以及印度東北、尼泊爾、不丹、中南半島北部、
臺灣。鄰近亞種為分布於尼泊爾、不丹、西藏東部、
印度阿薩姆的指名亞種*indica*與分布於中國雲南北
部至四川西部的雲南亞種*yunnanensis*。臺灣特有
亞種*formosana*雄鳥胸腹羽色污黃，指名亞種黃褐
色，雲南亞種介於中間。2022年學者以DNA及鳴
唱分析發現，台灣的白眉林鴝可能是一獨立種。

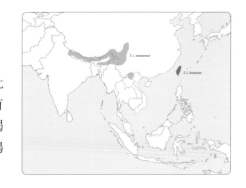

科名 鶲科 Muscicapidae	學名 *Tarsiger indicus formosana*
英名 White-browed Bush-Robin	同種異名 無

外形特徵

雌雄外形相異。雄鳥頭部石板黑色,有白色眉斑,背、翼及尾羽石板色,陽光下呈現藍色光澤。腹面橄欖黃色,喉和尾下覆羽淡黃褐色,腹部中央白色。虹膜深褐色,喙灰黑色,跗蹠及趾褐色。本種的雌鳥與栗背林鴝的雌鳥外形、行為、棲地都極為類似,唯本種尾下覆羽為淡黃褐色而非白色,以茲區別。

生態習性

棲息於中、高海拔的森林底層濃密灌木叢中,偶爾出現於森林小徑或林道旁,性隱匿,非繁殖期多安靜地單獨於地面或陰暗低枝間活動,不出現於空曠地。與栗背林鴝生活區重疊,曾有兩種雜交的紀錄。

食性以昆蟲為主食。

繁殖期為5至7月,築巢於樹洞、石縫中,巢為碗狀,由苔蘚、蕨類的根及草的細纖維築成。窩蛋數2至3顆,淡青綠色,雜有淡褐色斑。幼雛由親鳥共同餵養。

▲ 成鳥♀

▲ 指名亞種

保育狀況 🅛🅒 保育類III

族群數量稀少,行為隱匿,生息狀況資料不足,且與同屬的栗背林鴝分布區域重疊,曾經發現過雜交種的情形(Severinghaus,1984)。國內保育類野生動物屬第三級——其他應予保育之野生動物。因為受全球暖化影響,建議優先監測目標(丁宗蘇,2014)。

栗背林鴝（阿里山鴝、台灣林鴝）

雄鳥頭部、後頸和喉黑色。

眉紋細長白色

雌鳥背面為深褐色

下頸、及肩羽
橙紅色

▲ 成鳥♀

▲ 成鳥♂

科名 鶲科 Muscicapidae	學名 *Tarsiger johnstoniae*
英名 Collared Bush-Robin	同種異名 無

相關種類及分布

台灣特有種。

全世界僅見於台灣。近緣種為同屬台灣特有亞種的白眉林鴝（*T. indicus formosana*）及冬候鳥藍尾鴝（*T. cyanurus*）。

外形特徵

雌雄外形相異。雄鳥頭部、後頸和喉黑色，眉紋細長白色。虹膜深褐色，喙灰黑色。下頸、及肩羽橙紅色，背及翼為黑色。胸及腹側黃褐色，腹及尾下污白色，雌鳥背面為深褐色，白色眉線不明顯，喉部灰色。胸及腹部黃褐色，尾下覆羽為白色。幼鳥羽色似雌鳥，但全身密布淡色斑。跗蹠及趾褐色。

生態習性

棲息於海拔2,600至3,550公尺中高海拔森林之樹林底層、灌叢。非繁殖季，族群呈現部分海拔降遷、部分留棲的狀況。雄鳥對領域的忠誠度很高，有固定的活動範圍。

食性為食蟲性。

繁殖季在3至8月，一夫一妻制，築巢於路旁的土牆或石壁縫隙裡，巢材為苔蘚、蕨類、草類的根、動物毛髮和偶爾有塑膠繩等編織而成，碗狀，築巢全由雌鳥承擔，窩蛋數3顆，青藍色，無斑點。孵化期約14天，雌鳥負責孵化，雄鳥擔任警戒工作。雌雄親鳥共同餵食，雛鳥約18天可離巢。

保育狀況 LC 保育類III

栗背林鴝與同屬的白眉林鴝在台灣高山的分布區域相互重疊，且曾有雜交種的發現（Severinghaus 1984）。這種同屬共域的現象在種的演化上，其生態和生殖隔離的機制究竟如何，有待進一步探討。國內保育等級為第三類——其他應予保育之野生動物。

黃胸青鶲（棕胸藍姬鶲、黃胸姬鶲）

雄鳥頭有明顯白色眉斑

喉至上胸橙栗色

▲ 成鳥♂

相關種類及分布

　　台灣特有亞種。

　　黃胸青鶲體型非常嬌小，大多數僅棲息於島嶼，亞種分化程度相當大，約有22個亞種，廣泛分布於東亞及東南亞。多數亞種僅分布於菲律賓及印尼的島嶼。*innexa*為台灣特有亞種。鄰近亞種為分布於中國西藏、四川、雲南、廣西、廣東、海南的指名亞種*hyperythra*。指名亞種喉、胸橙棕色，兩脇逐漸變淡；台灣特有亞種雄成鳥似指名亞種，胸及兩脇橙栗色。

科名 鶲科 Muscicapidae	學名 *Ficedula hyperythra innexa*
英名 Snowy-browed Flycatcher	同種異名 無

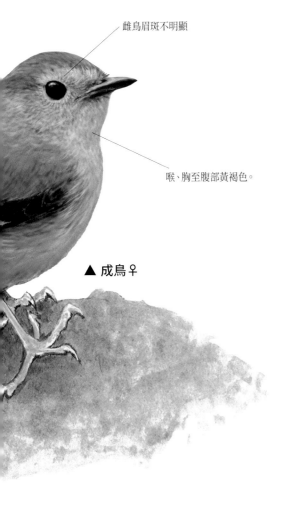

雌鳥眉斑不明顯

喉、胸至腹部黃褐色。

▲ 成鳥♀

外形特徵

　　雌雄外形相異。雄鳥喙黑色,虹膜黑褐色,頭、背、覆羽及腰灰藍色,頭有明顯白色眉斑。喉至上胸橙栗色,腹部淡橙紅色,尾下覆羽白色,跗蹠肉色。雌鳥頭、背部灰褐色,眉斑不明顯,翼及尾羽褐色。喉、胸至腹部黃褐色。雄性亞成鳥體色較雄性成鳥淡,背為藍褐色,眉斑黃白色,喉白色,胸褐黃色。雌性亞成鳥體色類似雌性成鳥。

生態習性

　　棲息於海拔1,000至2,500公尺之間山區闊葉林、針闊葉混合林底層及灌叢。經常單獨於林下陰暗灌叢內活動,並不容易見到。冬季有海拔垂直遷徙現象。溪頭是台灣較易看到牠們的地方,領域性強,常在幾個固定的枝頭間穿梭覓食。

　　食性以昆蟲為主。

　　繁殖期在5至7月,築巢於矮樹的分岔處、樹洞或岩壁縫隙,以青苔為材料,築巢於樹上,巢為橢圓形,開口在上側,窩蛋數3顆,白色、無污斑。

保育狀況 🄛

黃胸青鶲目前在台灣中低海拔山區尚稱普遍,並沒有明顯的直接威脅。保育等級為一般類。

鉛色水鶇（鉛色水鴝）

雄鳥大致呈深鉛灰色

尾羽栗赤色

▲ 成鳥♂

▲ 成鳥♀

相關種類及分布

　　台灣特有亞種。

　　本種分為2個亞種，分布於喜馬拉雅山區中部及
東部、阿薩姆、緬甸、華中、中南半島、泰國東南
部、海南島及台灣。鄰近亞種為分布於喜馬拉雅至
中國東北、華東、海南及中南半島北部的指名亞種
fuliginosus。台灣特有亞種*affinis*眼先黑色部分與
體色均較指名亞種淡。

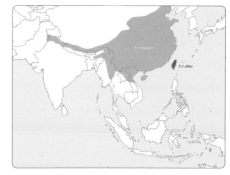

科名 鶲科 Muscicapidae	學名 *Phoenicurus fuliginosus affinis*
英名 Plumbeous Water-redstart	同種異名 無

外形特徵

雌雄外形相異。雄鳥除了腹部、尾上、尾下覆羽及尾羽栗赤色外，身體為一致的深鉛灰色，背面略淡，額、眼先、頰黑色。雌鳥背面灰褐色，眼圈色淺，腹面暗灰色，具白色鱗狀斑，尾上覆羽白色，尾羽黑褐色，尾下覆羽白色。虹膜深褐色，喙黑色。跗蹠及趾淡褐色。雄幼鳥頭部有白斑，雌幼鳥則全身密布白斑。

生態習性

棲息於海拔500至2,300公尺的山區溪澗。單獨或成對出現，雄鳥領域性強，常追趕領域內各種溪澗鳥。停棲時，尾羽上下擺動及快速張合。曾因歌聲旋律多變化，及會在固定地方排泄，遭大量捕捉飼養。

食物以昆蟲為主，亦食蜘蛛、馬陸等，偶爾啄食植物果實，曾見取食懸鉤子的紅色熟果。

繁殖季為1至7月，行一夫一妻制，築巢於岩壁縫隙或堤岸凹陷處、橋樑或木屋的橫樑處。巢呈杯狀，外層由苔蘚、草根及草莖構成，內層墊以較細的植物纖維。窩蛋數4顆，白色，散布著大小不等的淡色斑點，並在近鈍端處密集成環狀。築巢、孵蛋和孵雛等工作，由雌鳥獨自擔任，其它育雛工作，包括餵食、清巢和護巢則由雌雄親鳥共同負擔。孵化期約14天，雛鳥約15天可以離巢。幼鳥離巢後，親鳥仍繼續餵食，次數隨幼鳥的成長而遞減。

雌鳥尾羽黑褐色

▲ 指名亞種

保育狀況 LC 保育類III

普遍留鳥。最主要的生存壓力來自人為的獵捕，繁殖後期常有親鳥連帶巢、雛鳥大量被捕，馴養後當寵物鳥販賣。國內保育等級為第三類——其他應予保育之野生動物。

綠啄花（純色啄花鳥）

頭及背面為帶灰的橄欖綠色

相關種類及分布

　　台灣特有亞種。

　　本種有5個亞種，廣泛分布於喜馬拉雅山區、中南半島、馬來半島、蘇門答臘、爪哇、婆羅洲、中國西南部、海南島及台灣。台灣特有亞種*uchidai*與各亞種間主要在羽色、喙、尾羽顯現的差異。鄰近亞種為分布於中國南部至中南半島的華南亞種*olivaceum*及海南島的海南亞種*minullum*。台灣亞種與華南亞種外形相似，但整體羽色稍深，喙較長，尾羽較短。海南亞種鳥喙比前二者都長，體背鮮綠，頭帶淡棕色，腰及尾下覆羽黃色，喉、腹部暗黃色。

科名 啄花科 Dicaeidae	學名 *Dicaeum minullum uchidai*
英名 Plain Flowerpecker	同種異名 無

外形特徵

　　雌雄外形相似。頭及背面為帶灰的橄欖綠色，頭部有不明顯的暗色斑紋。腰及尾上覆羽略淡。尾黑褐色。腹 面污白色，腹側略黃。尾下覆羽白色。虹膜黑褐色。喙略下彎，成鳥黑色，幼鳥為橙色。跗蹠灰黑色。

生態習性

　　為台灣留鳥中體型最小的鳥種，比第二小的紅胸啄花還小了約1公分。棲息於1,000公尺以下的低海拔山區闊葉林、丘陵地、次生林、墾殖地，比紅胸啄花適應人為干擾過的森林，包括某些果園、茶園。但看起來類似的丘陵環境中，往往只有很少數地點可見，顯示有其特殊的棲地選擇，已知某些季節與桑寄生科植物（Mistletoes）有關。有時也與畫眉科鳥類混群。喜食桑寄生科植物的花蜜、果實，而四處排遺出種子，因種子具黏性，便附著於該樹上發芽成長，剛好達到桑寄生傳播種子的目的，此為本科鳥類與桑寄生科植物互利共生或共同演化之例。

　　食性以果實、花蜜、花粉為主食，經常取食桑寄生的果實，也捕食小型昆蟲與蜘蛛。

　　繁殖期為4至6月，築袋狀巢，築於樹冠層很隱密的地方，以植物纖維編織而成，自側面開口，內部以夾竹桃科植物的種子纖毛襯墊。有些鳥巢的巢口上方有門簷，有些則無。窩蛋數2至3顆，國內尚無詳細的繁殖觀察報告。

▲ 海南亞種

保育狀況 ⓛⓒ

不普遍留鳥。其族群數量可能與特定食物，尤其是某些桑寄生的消長有關。雖無明顯受威脅，但於各地小族群的族群變化趨勢值得加以注意。在國內非保育類。

紅胸啄花

雄鳥喉至上胸橙紅色

▲ 成鳥♂

相關種類及分布

　　台灣特有亞種。

　　紅胸啄花有8亞種，分布於喜馬拉雅山區、印度阿薩姆、中南半島、馬來半島、蘇門答臘北部、中國南部、台灣及菲律賓。本種多數亞種皆為島嶼物種，且生活在侷限的狹小棲地。台灣特有亞種*formosum*與分布於呂宋島北部的呂宋亞種*luzoniense*胸部紅色達喉上，但台灣特有亞種喙較粗短。分布於喜馬拉雅、印度阿薩姆、中南半島北部、中國中南部的指名亞種*ignipectum*喉白色。

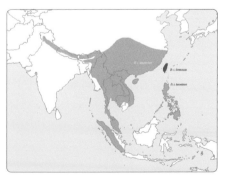

雌鳥背面大致為橄欖綠色

▲ 成鳥♀

科名 啄花科 Dicaeidae	學名 *Dicaeum ignipectus formosum*
英名 Fire-breasted Flowerpecker	同種異名 無

外形特徵

雌雄外形相異。雌雄體色互異,雄鳥背面、臉部大致為黑綠色而有藍色光澤,尾甚短,腮白色,喉至上胸橙紅色,下胸以下淡橙黃色,胸、腹中央有一藍色縱帶,胸側藍灰色;雌鳥背面大致為橄欖綠色,略帶藍色。體型約成人拇指大小。幼鳥羽色與雌鳥相近,唯喙是橙色。虹膜黑褐色,跗蹠黑色。

生態習性

棲息於海拔1,000至2,500公尺的闊葉林或針闊葉混合林,偏好樹木高大、樹種多樣化的原始森林,在樹林頂層活動覓食,偶爾會降至中層。喜向陽開闊的坡面,少見於陰暗潮濕處。與桑寄生植物的互利共生和綠啄花相似。

食性以果實、花蜜、花粉為主食,經常取食桑寄生的果實,也捕食小型昆蟲及蜘蛛。

繁殖期不確定,3至12月期間均發現過幼鳥,窩蛋數2至3顆。國內尚無詳細的繁殖觀察報告。

尾甚短

喉白色

▲ 指名亞種

保育狀況 🄛

普遍留鳥。冬季會降遷至較低海拔,最低曾見於海拔300公尺處。紅胸啄花在台灣的中高海拔山區數量普遍,無受威脅或相關保育問題。在國內非保育類。

岩鷚（領岩鷚、尼泊爾岩鷚）

頭及頸部為鼠灰色

虹膜深褐色

不完整的白眼圈

喙基黃色

胸部及腹部灰色

腋及腹側栗赤色

科名 岩鷚科 Prunellidae	學名 *Prunella collaris fennelli*
英名 Alpine Accentor	同種異名 無

相關種類及分布

台灣特有亞種。

本種分為9個亞種，廣泛分布於非洲北部、歐洲中南部、中亞、西伯利亞、北韓、日本、蒙古、中國東北及華北、西藏、喜馬拉雅山及台灣。鄰近亞種為分布於阿爾泰山脈到中國北方、韓國和日本北部山區的東北亞種*erythropygia*，台灣特有亞種*fennelli*胸腹體羽較深。

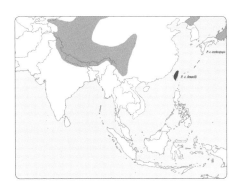

外形特徵

雌雄外形相似。喙黑色細尖，喙基黃色，在喙長的中間部位有一明顯的緊縮，這是該種鳥類特異之處。頭及頸部為鼠灰色。虹膜深褐色，有不完整的白眼圈。喉白色、有褐灰色橫斑，背灰褐色，有灰褐色縱紋。雙翼及尾羽黑褐色，覆羽尖端白色，初級飛羽外緣淡褐色，胸部及腹部灰色，腋及腹側栗赤色。腰及尾上覆羽紅褐色，尾下覆羽栗色。亞成鳥羽色與成鳥類似，但喙基粉紅色，體色黯淡，羽色對比不強。跗蹠紅褐色。

生態習性

台灣海拔分布最高的鳥類。棲息於海拔3,000公尺以上的山區裸露岩石及空曠地區。尤其以裸露地及森林界線以上較為常見。台灣的岩鷚並不做長程遷徙，但冬季有降遷現象。

食性主要以昆蟲及植物種子為食。覓食或行進時常發出柔弱的單音叫聲，繁殖期則會發出婉囀多變的鳴唱聲。

繁殖季節為4至7月，築巢於岩石縫隙中，窩蛋數3至4顆。繁殖季時成單獨或二、三隻成群活動，領域性並不明顯，非繁殖季時則會三、五隻或十數隻成群活動。性不懼人，常接近人類。常在地表尋找食物，飛行時僅做短距離移動。

保育狀況 VU 保育類III

由於全球暖化影響，其中衝擊最大的就是岩鷚和鷦鷯，不但增加該種更大的生存壓力，最終族群可能面臨滅絕。因此研究人員建議，以岩鷚和鷦鷯做為優先監測目標（丁宗蘇，2014）。國內保育等級為第三類——其他應予保育之野生動物。

台灣朱雀（酒紅朱雀）

雄鳥全身幾乎
都為酒紅色

雌鳥全身大致
是暗褐色

▲ 台灣朱雀

相關種類及分布

台灣特有種。

近年學者透過分子生物學及形態差異之研究，發現台灣朱雀與其他朱雀的遺傳結構差異甚大，才將酒紅朱雀台灣亞種（*C. vinaceus formosanus*）提升為獨立種。近緣種為分布於印度、緬甸、大陸西南的酒紅朱雀（*C. vinaceus*）。外形相較，台灣朱雀的體型略大，雄鳥羽色較鮮紅，三級飛羽白色端較明顯；雌鳥腹部羽色較酒紅朱雀雌鳥暗，深色條紋也較明顯。另一種廣泛分布於歐亞大陸，在台灣屬於稀有過境鳥或迷鳥的普通朱雀（*C. erythrinus*），雌雄鳥羽色較淡。

科名 雀科 Fringillidae	學名 *Carpodacus formosanus*
英名 Taiwan Rosefinch	同種異名 無

外形特徵

雌雄外形相異。雄鳥全身幾乎都為酒紅色，眉線為白色，不是非常明顯，翼與尾羽暗褐色，三級飛羽羽緣白色。雌鳥全身大致是暗褐色，喉部外緣與體側有不明顯的黑色細縱紋，但背部的深色縱紋較粗較為明顯，翼與尾羽黑褐色。

生態習性

棲息於中高海拔山區的林緣、草灌叢和箭竹叢，經常單獨、成對或成群活動，領域性並不明顯。喜好空曠地、森林邊緣或森林中的空隙，較少在密林內出現。多在地面層活動，不甚懼人，但停棲時多在針葉樹頂端、電線及突出岩石上。飛行時速度相當快，呈波浪狀前進。於非繁殖季，族群呈現部分海拔降遷、部分留棲的狀況。

食性主要以植物果實、種子及花苞為食，食物種類廣泛，但以禾本科較多。在台灣山區的垃圾堆積處，經常可見台灣朱雀覓食垃圾。

繁殖期5至7月。巢營於灌木密枝上，由禾本科植物的莖和根等編成，僅雌鳥營巢。每窩產蛋4至5顆，藍綠色，表面具暗褐色斑點，並多集中於蛋的鈍端。

▲ 普通朱雀

保育狀況 LC 保育類III

普遍留鳥。但因為受全球暖化影響，建議優先監測目標（丁宗蘇，2014）。短期族群有下降趨勢（2014-2015年，BBS Taiwan 2015）。國內保育等級為第三類——其他應予保育之野生動物。

褐鷽（褐灰雀）

眼下方有一
白色弧形眼環

雌鳥內側次級飛羽
的外瓣為鮮黃色

▲ 成鳥♀

▲ 成鳥♂

相關種類及分布

台灣特有亞種。

本種分為5個亞種，分布在亞洲，包括喜馬拉雅
山區、西藏西南部、中國西南、華南、台灣、緬甸、
越南北部及馬來西亞。各亞種間主要在頭冠、背羽
色以及眼下白色斑紋互有差異。鄰近亞種為分布
於西藏東南部、中國西南、華南及越南北部的華南
亞種*ricketti*。台灣特有亞種*uchidai*和華南亞種外
形相似，但台灣亞種中央尾羽軸為白色，腹部羽色
較淡。

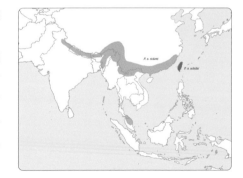

科名 雀科 Fringillidae	**學名** *Pyrrhula nipalensis uchidai*
英名 Brown Bullfinch	**同種異名** 無

雄鳥內側次級飛羽的外瓣為紅色

外形特徵

雌雄鳥羽色略異。雄鳥喙粗厚鉛灰色，虹膜黑褐色，全身大致為灰褐色，眼先黑褐色，眼下方有一白色弧形眼環。下背、翼和尾羽黑色，帶有紫藍色光澤，胸側有一小塊白色區域，腹部至尾下覆羽灰白色，腰部白色。雌鳥體色大致類似雄鳥，主要不同是最內側次級飛羽的外瓣為鮮黃色，並非紅色，且尾羽羽端無白斑。幼鳥的臉部與腹面偏黃褐色，不過眼圈下方的白色弧圈有助於野外辨識。

生態習性

棲息在中至高海拔山區的闊葉林。經常成群活動。多在樹林上層活動，不常於地面活動。停棲時多在針葉樹頂端。飛行時成快速的波浪狀直線前進。冬季有海拔降遷行為。

食性主要以植物種子及昆蟲為食，食物種類廣泛，其中以松果及禾本科較多。另外也觀察到啄食虎杖（*Polygonum cuspidatum*）、懸鉤子（*Rubus* spp.）、玉山假沙梨（*Photinia niitakayamensis*）、阿里山千金榆（*Carpinus kawakamii*）等的果實。

於樹上或灌木上築巢，呈碗狀，巢材包括禾草葉、樹皮、苔蘚、細枝和鬚根，窩蛋數3至5顆，台灣尚無巢蛋的完整觀察紀錄。

保育狀況 🔟

普遍留鳥。國內保育等級屬一般類，未列名受威脅及保育鳥種。但因為受全球暖化影響，建議優先監測目標（丁宗蘇，2014）。

台灣灰鷽（灰頭灰雀）

雄鳥前額、眼睛周圍、下巴與喙基部附近
為黑色，形成一個明顯黑色的三角形斑。

體側略帶些許淡紅色

▲ 成鳥♀

雄鳥腹側有
橙色羽毛

▲ 成鳥♂

尾黑色，羽緣有金屬光澤。

科名 雀科 Fringillidae	學名 *Pyrrhula owstoni*
英名 Taiwan Bullfinch	同種異名 無

相關種類及分布

台灣特有種。

2020年經DNA分析,由原本台灣特有亞種鑑定為特有種。近緣種為分布於喜馬拉雅山脈及中國西南的灰頭灰雀(*Pyrrhula erythaca*)。台灣灰鷽於更新世從灰頭灰雀分支出來,雄鳥體側淡紅,灰頭灰雀雄鳥胸腹橙紅色。

外形特徵

雌雄鳥羽色不同。喙黑色,虹膜黑色,雄鳥前額、眼睛周圍、下巴與喙基部附近為黑色,形成一個明顯黑色的三角形斑。大覆羽羽基黑色,飛羽黑色,體側略帶些許淡紅色。尾黑色,羽緣有金屬光澤,尾下覆羽白色。雌鳥大致似雄鳥。幼鳥體灰褐色,臉部黑色三角斑塊模糊。跗蹠灰緋紅色。

生態習性

棲息於高海拔山區的針葉林或混合林,針葉林較常見。飛行速度快,呈小波浪狀直線行進;不大怕人。喜歡在地面吃草籽、花梗。喜歡停在針葉樹木的頂端,不甚懼人。停棲時通常會發出單調的2聲輕柔哨音。

以松果、禾本科植物種子或是薔薇科植物為食,也吃白蟻等昆蟲。在地面覓食時,若受到驚擾,通常只飛到附近樹上而不遠離。

繁殖期5至7月,鳥巢為不甚堅固的杯狀巢,台灣尚無巢蛋的完整觀察紀錄。

保育狀況 🔟

普遍留鳥。國內保育等級屬一般類。但因為受全球暖化影響,建議優先監測目標(丁宗蘇,2014)。

中名索引

學名索引

英名索引

附錄：2020台灣鳥類名錄

科名	中文名	學名	亞種小名
雉科 Phasianidae	台灣山鷓鴣	*Arborophila crudigularis*	無亞種分化
雉科 Phasianidae	台灣竹雞	*Bambusicola sonorivox*	無亞種分化
雉科 Phasianidae	黑長尾雉	*Syrmaticus mikado*	無亞種分化
雉科 Phasianidae	環頸雉	*Phasianus colchicus*	*formosanus, torquatus, karpowi*
雉科 Phasianidae	藍腹鷴	*Lophura swinhoii*	無亞種分化
鳩鴿科 Columbidae	金背鳩	*Streptopelia orientalis*	*orii, orientalis*
鳩鴿科 Columbidae	紅頭綠鳩	*Treron formosae*	*formosae, medioximus(?)*
夜鷹科 Caprimulgidae	南亞夜鷹	*Caprimulgus affinis*	*stictomus, amoyensis*
雨燕科 Apodidae	灰喉針尾雨燕	*Hirundapus cochinchinensis*	*formosanus*
雨燕科 Apodidae	小雨燕	*Apus nipalensis*	*kuntzi*
秧雞科 Rallidae	灰胸秧雞	*Lewinia striata*	*taiwana, jouyi*
秧雞科 Rallidae	灰腳秧雞	*Rallina eurizonoides*	*formosana*
三趾鶉科 Turnicidae	棕三趾鶉	*Turnix suscitator*	*rostratus*
鷹科 Accipitridae	大冠鷲	*Spilornis cheela*	*hoya*
鷹科 Accipitridae	鳳頭蒼鷹	*Accipiter trivirgatus*	*formosae, indicus*
鷹科 Accipitridae	松雀鷹	*Accipiter virgatus*	*fuscipectus, affinis*
草鴞科 Tytonidae	草鴞	*Tyto longimembris*	*pithecops*
鴟鴞科 Strigidae	黃嘴角鴞	*Otus spilocephalus*	*hambroecki*
鴟鴞科 Strigidae	領角鴞	*Otus lettia*	*glabripes, erythrocampe*
鴟鴞科 Strigidae	蘭嶼角鴞	*Otus elegans*	*botelensis*

資料來源：社團法人中華民國野鳥學會 https://www.bird.org.tw

英文名	特有性	台灣保育等級	對應本書頁碼
Taiwan Partridge	台灣特有種	III	32
Taiwan Bamboo-Partridge	台灣特有種		34
Mikado Pheasant	台灣特有種	II	36
Ring-necked Pheasant	含台灣特有亞種（P. c. formosanus）	II	38
Swinhoe's Pheasant	台灣特有種	II	40
Oriental Turtle-Dove	台灣特有亞種（S. o. orii）		42
Whistling Green-Pigeon	台灣特有亞種（T. f. formosae）	II	44
Savanna Nightjar	台灣特有亞種（C. a. stictomus）		46
Silver-backed Needletail	台灣特有亞種（H. c. formosanus）		48
House Swift	台灣特有亞種（A. n. kuntzi）		50
Slaty-breasted Rail	含台灣特有亞種（L. s. taiwanus）		52
Slaty-legged Crake	台灣特有亞種（R. e. formosana）		54
Barred Buttonquail	台灣特有亞種（T. s. rostratus）		56
Crested Serpent-Eagle	台灣特有亞種（S. c. hoya）	II	58
Crested Goshawk	含台灣特有亞種（A. t. formosae）	II	60
Besra	台灣特有亞種（A. v. fuscipectus）	II	62
Australasian Grass-Owl	台灣特有亞種（T. l. pithecops）	I	64
Mountain Scops-Owl	台灣特有亞種（O. s. hambroecki）	II	66
Collared Scops-Owl	台灣特有亞種（O. l. glabripes）	II	68
Ryukyu Scops-Owl	蘭嶼特有亞種（O. e. botelensis）	II	70

科名	中文名	學名	亞種小名
鴟鴞科 Strigidae	鵂鶹	*Glaucidium brodiei*	*pardalotum*
鴟鴞科 Strigidae	東方灰林鴞	*Strix nivicolum*	*yamadae*
鬚鴷科 Megalaimidae	五色鳥	*Psilopogon nuchalis*	無亞種分化
啄木鳥科 Picidae	大赤啄木	*Dendrocopos leucotos*	*insularis*
黃鸝科 Oriolidae	朱鸝	*Oriolus traillii*	*ardens*
卷尾科 Dicruridae	大卷尾	*Dicrurus macrocercus*	*harterti, cathoecus*
卷尾科 Dicruridae	小卷尾	*Dicrurus aeneus*	*braunianus*
王鶲科 Monarchidae	黑枕藍鶲	*Hypothymis azurea*	*oberholseri, styani*
鴉科 Corvidae	松鴉	*Garrulus glandarius*	*taivanus*
鴉科 Corvidae	台灣藍鵲	*Urocissa caerulea*	無亞種分化
鴉科 Corvidae	樹鵲	*Dendrocitta formosae*	*formosae, sinica*
鴉科 Corvidae	星鴉	*Nucifraga caryocatactes*	*owstoni*
山雀科 Paridae	煤山雀	*Periparus ater*	*ptilosus*
山雀科 Paridae	赤腹山雀	*Sittiparus castaneoventris*	無亞種分化
山雀科 Paridae	青背山雀	*Parus monticolus*	*insperatus*
山雀科 Paridae	黃山雀	*Machlolophus holsti*	無亞種分化
扇尾鶯科 Cisticolidae	斑紋鷦鶯	*Prinia crinigera*	*striata*
扇尾鶯科 Cisticolidae	褐頭鷦鶯	*Prinia inornata*	*flavirostris, extensicauda*
扇尾鶯科 Cisticolidae	黃頭扇尾鶯	*Cisticola exilis*	*volitans*
蝗鶯科 Locustellidae	台灣叢樹鶯	*Locustella alishanensis*	無亞種分化
鷦眉科 Pnoepygidae	台灣鷦眉	*Pnoepyga formosana*	無亞種分化
鵯科 Pycnonotidae	白環鸚嘴鵯	*Spizixos semitorques*	*cinereicapillus, semitorques*
鵯科 Pycnonotidae	烏頭翁	*Pycnonotus taivanus*	無亞種分化
鵯科 Pycnonotidae	白頭翁	*Pycnonotus sinensis*	*formosae, sinensis*
鵯科 Pycnonotidae	紅嘴黑鵯	*Hypsipetes leucocephalus*	*nigerrimus, leucocephalus*

英文名	特有性	台灣保育等級	對應本書頁碼
Collared Owlet	台灣特有亞種（*G. b. pardalotum*）	II	72
Himalayan Owl	台灣特有亞種（*S. n. yamadae*）	II	74
Taiwan Barbet	台灣特有種		76
White-backed Woodpecker	台灣特有亞種（*D. l. insularis*）	II	78
Maroon Oriole	台灣特有亞種（*O. t. ardens*）	II	80
Black Drongo	台灣特有亞種（*D. m. harterti*）		82
Bronzed Drongo	台灣特有亞種（*D. a. braunianus*）		84
Black-naped Monarch	台灣特有亞種（*H. a. oberholseri*）		86
Eurasian Jay	台灣特有亞種（*G. g. taivanus*）		90
Taiwan Blue-Magpie	台灣特有種	III	92
Gray Treepie	台灣特有亞種（*D. f. formosae*）		94
Eurasian Nutcracker	台灣特有亞種（*N. c. owstoni*）		96
Coal Tit	台灣特有亞種（*P. a. ptilosus*）	III	98
Chestnut-bellied Tit	台灣特有種	II	100
Green-backed Tit	台灣特有亞種（*P. m. insperatus*）	III	102
Taiwan Yellow Tit	台灣特有種	II	104
Striated Prinia	台灣特有亞種（*P. c. striata*）		106
Plain Prinia	台灣特有亞種（*P. i. flavirostris*）		108
Golden-headed Cisticola	台灣特有亞種（*C. e. volitans*）		110
Taiwan Bush Warbler	台灣特有種		112
Taiwan Cupwing	台灣特有種		114
Collared Finchbill	台灣特有亞種（*S. s. cinereicapillus*）		116
Styan's Bulbul	台灣特有種	II	118
Light-vented Bulbul	台灣特有亞種（*P. s. formosae*）		120
Black Bulbul	台灣特有亞種（*H. l. nigerrimus*）		122

科名	中文名	學名	亞種小名
鵯科 Pycnonotidae	棕耳鵯	*Hypsipetes amaurotis*	*harterti, amaurotis*
樹鶯科 Scotocercidae	小鶯	*Horornis fortipes*	*robustipes, davidianus*
樹鶯科 Scotocercidae	深山鶯	*Horornis acanthizoides*	*concolor*
鶯科 Sylviidae	褐頭花翼	*Fulvetta formosana*	無亞種分化
鶯科 Sylviidae	粉紅鸚嘴	*Sinosuthora webbiana*	*bulomacha*
鶯科 Sylviidae	黃羽鸚嘴	*Suthora verreauxi*	*morrisoniana*
繡眼科 Zosteropidae	冠羽畫眉	*Yuhina brunneiceps*	無亞種分化
畫眉科 Timaliidae	山紅頭	*Cyanoderma ruficeps*	*praecognitum*
畫眉科 Timaliidae	小彎嘴	*Pomatorhinus musicus*	無亞種分化
畫眉科 Timaliidae	大彎嘴	*Megapomatorhinus erythrocnemis*	無亞種分化
雀眉科 Pellorneidae	頭烏線	*Schoeniparus brunneus*	*brunneus*
噪眉科 Leiothrichidae	繡眼畫眉	*Alcippe morrisonia*	無亞種分化
噪眉科 Leiothrichidae	台灣畫眉	*Garrulax taewanus*	無亞種分化
噪眉科 Leiothrichidae	台灣白喉噪眉	*Ianthocincla ruficeps*	無亞種分化
噪眉科 Leiothrichidae	棕噪眉	*Ianthocincla poecilorhyncha*	無亞種分化
噪眉科 Leiothrichidae	台灣噪眉	*Trochalopteron morrisonianum*	無亞種分化
噪眉科 Leiothrichidae	白耳畫眉	*Heterophasia auricularis*	無亞種分化
噪眉科 Leiothrichidae	黃胸藪眉	*Liocichla steerii*	無亞種分化
噪眉科 Leiothrichidae	紋翼畫眉	*Actinodura morrisoniana*	無亞種分化
戴菊科 Regulidae	火冠戴菊鳥	*Regulus goodfellowi*	無亞種分化
鳾科 Sittidae	茶腹鳾	*Sitta europaea*	*formosana*
鷦鷯科 Troglodytidae	鷦鷯	*Troglodytes troglodytes*	*taivanus*

英文名	特有性	台灣 保育等級	對應 本書頁碼
Brown-eared Bulbul	蘭嶼特有亞種（*H. a. harterti*）		124
Brownish-flanked Bush Warbler	台灣特有亞種（*H. f. robustipes*）		126
Yellowish-bellied Bush Warbler	台灣特有亞種（*H. a. concolor*）		128
Taiwan Fulvetta	台灣特有種		130
Vinous-throated Parrotbill	台灣特有亞種（*S. w. bulomacha*）		132
Golden Parrotbill	台灣特有亞種（*S. v. morrisoniana*）		134
Taiwan Yuhina	台灣特有種	III	136
Rufous-capped Babbler	台灣特有亞種（*C. r. praecognitum*）		138
Taiwan Scimitar-Babbler	台灣特有種		140
Black-necklaced Scimitar-Babbler	台灣特有種		142
Dusky Fulvetta	台灣特有亞種（*S. b. brunneus*）		144
Morrison's Fulvetta	台灣特有種		146
Taiwan Hwamei	台灣特有種	II	148
Rufous-crowned Laughingthrush	台灣特有種	II	150
Rusty Laughingthrush	台灣特有種	II	152
White-whiskered Laughingthrush	台灣特有種		154
White-eared Sibia	台灣特有種	III	156
Steere's Liocichla	台灣特有種	III	158
Taiwan Barwing	台灣特有種	III	160
Flamecrest	台灣特有種	III	162
Eurasian Nuthatch	台灣特有亞種（*S. e. formosana*）		164
Eurasian Wren	台灣特有亞種（*T. t. taivanus*）		166

科名	中文名	學名	亞種小名
八哥科 Sturnidae	八哥	*Acridotheres cristatellus*	*formosanus, cristatellus*
鶇科 Turdidae	白頭鶇	*Turdus niveiceps*	無亞種分化
鶲科 Muscicapidae	黃腹琉璃	*Niltava vivida*	*vivida, oatesi*(?)
鶲科 Muscicapidae	小翼鶇	*Brachypteryx goodfellowi*	無亞種分化
鶲科 Muscicapidae	台灣紫嘯鶇	*Myophonus insularis*	無亞種分化
鶲科 Muscicapidae	小剪尾	*Enicurus scouleri*	*fortis*
鶲科 Muscicapidae	白尾鴝	*Myiomela leucura*	*montium*
鶲科 Muscicapidae	白眉林鴝	*Tarsiger indicus*	*formosanus*
鶲科 Muscicapidae	栗背林鴝	*Tarsiger johnstoniae*	無亞種分化
鶲科 Muscicapidae	黃胸青鶲	*Ficedula hyperythra*	*innexa*
鶲科 Muscicapidae	鉛色水鶇	*Phoenicurus fuliginosus*	*affinis, fuliginosus*
啄花科 Dicaeidae	綠啄花	*Dicaeum minullum*	*uchidai*
啄花科 Dicaeidae	紅胸啄花	*Dicaeum ignipectus*	*formosum*
岩鷚科 Prunellidae	岩鷚	*Prunella collaris*	*fennelli*
雀科 Fringillidae	台灣朱雀	*Carpodacus formosanus*	無亞種分化
雀科 Fringillidae	褐鷽	*Pyrrhula nipalensis*	*uchidai*
雀科 Fringillidae	灰鷽	*Pyrrhula erythaca*	*owstoni*

英文名	特有性	台灣保育等級	對應本書頁碼
Crested Myna	台灣特有亞種（*A. c. formosanus*）	II	168
Taiwan Thrush	台灣特有種	II	170
Vivid Niltava	台灣特有亞種（*N. v. vivida*）	III	172
Taiwan Shortwing	台灣特有種		174
Taiwan Whistling-Thrush	台灣特有種		176
Little Forktail	台灣特有亞種（*E. s. fortis*）	II	178
White-tailed Robin	台灣特有亞種（*M. l. montium*）	III	180
White-browed Bush-Robin	台灣特有亞種（*T. i. formosanus*）	III	182
Collared Bush-Robin	台灣特有種	III	184
Snowy-browed Flycatcher	台灣特有亞種（*F. h. innexa*）		186
Plumbeous Redstart	台灣特有亞種（*P. f. affinis*）	III	188
Plain Flowerpecker	台灣特有亞種（*D. m. uchidai*）		190
Fire-breasted Flowerpecker	台灣特有亞種（*D. i. formosum*）		192
Alpine Accentor	台灣特有亞種（*P. c. fennelli*）	III	194
Taiwan Rosefinch	台灣特有種	III	196
Brown Bullfinch	台灣特有亞種（*P. n. uchidae*）		198
Gray-headed Bullfinch	台灣特有亞種（*P. e. owstoni*）		200

台灣特有鳥類手繪圖鑑

作　　　者	蔡錦文
責任主編	李季鴻
協力編輯	胡嘉穎
校　　　對	李季鴻、胡嘉穎、蔡錦文
版面構成	張曉君
封面設計	林敏煌
行銷統籌	張瑞芳
行銷專員	段人涵
出版協力	劉衿妤
總 編 輯	謝宜英
出 版 者	貓頭鷹出版
發 行 人	涂玉雲
榮譽社長	陳穎青
發　　　行	英屬蓋曼群島商家庭傳媒股份有限公司城邦分公司
	104台北市中山區民生東路二段141號11樓

劃撥帳號：19863813／戶名：書虫股份有限公司
城邦讀書花園：www.cite.com.tw／購書服務信箱：service@readingclub.com.tw
購書服務專線：02-2500-7718～9 (週一至週五09:30-12:30；13:30-18:00)
24小時傳真專線：02-25001990～1
香港發行所　城邦 (香港) 出版集團／電話：852-2877-8606／傳真：852-2578-9337
馬新發行所　城邦 (馬新) 出版集團／電話：603-9056-3833／傳真：603-9057-6622
印 製 廠　中原造像股份有限公司
初　　　版　2022年8月
定　　　價　新台幣850元／港幣283元 (紙本書)
　　　　　　　新台幣595元 (電子書)
ISBN　978-986-262-562-0 (紙本平裝)／978-986-262-564-4 (電子書EPUB)

貓頭鷹

讀者意見信箱　owl@cph.com.tw
投稿信箱　owl.book@gmail.com
貓頭鷹臉書　facebook.com/owlpublishing/
【大量採購，請洽專線】(02)2500～1919

國家圖書館出版品預行編目(CIP)資料

台灣特有鳥類手繪圖鑑/蔡錦文著. -- 初版. --
臺北市：貓頭鷹出版：英屬蓋曼群島商家庭
傳媒股份有限公司城邦分公司發行, 2022.08
224面；16.8×23公分
ISBN 978-986-262-562-0 (平裝)

1.CST: 鳥 2.CST: 動物圖鑑 3.CST: 臺灣
388.833025　　　　　　　　　　111009443